omar

Javier Calcagno
e Gustavo Lovrich

o mar
Fez falta tanta água para dissolver tanto sal...

TRADUÇÃO DE
Maria Alzira Brum

REVISÃO TÉCNICA DE
Eliane Gonzalez Rodriguez

CIVILIZAÇÃO BRASILEIRA

Rio de Janeiro
2009

COPYRIGHT © Javier Calcagno e Gustavo Lovrich, 2004
COPYRIGHT © Siglo XXI Editores Argentina, Coleção Ciência que ladra..

CIP-BRASIL. CATALOGAÇÃO-NA-FONTE
SINDICATO NACIONAL DOS EDITORES DE LIVROS, RJ

C148m
Calcagno, Javier
    O mar: fez falta tanta água para dissolver tanto sal... / Javier Calcagno e Gustavo Lovrich; tradução de Maria Alzira Brum Lemos. – Rio de Janeiro: Civilização Brasileira, 2009.
    – (Ciência que late)

    Tradução de: El mar: hizo falta tanta agua para dissolver tanta sal
    Inclui bibliografia
    ISBN 978-85-200-0881-2

    1. Oceano. I. Lovrich, Gustavo A. II. Título. III. Série.

08-2888
    CDD – 541.46
    CDU – 541.46

Texto atualizado segundo o Novo Acordo Ortográfico da Língua Portuguesa, em vigor desde 1º de janeiro de 2009.

Todos os direitos reservados. Proibida a reprodução, armazenamento ou transmissão de partes deste livro, através de quaisquer meios, sem prévia autorização por escrito.

Direitos desta tradução adquiridos pela
EDITORA CIVILIZAÇÃO BRASILEIRA
Um selo da
EDITORA RECORD LTDA.
Rua Argentina 171 – 20921-380 – Rio de Janeiro, RJ – Tel.: 2585-2000

PEDIDOS PELO REEMBOLSO POSTAL
Caixa Postal 23.052 – Rio de Janeiro, RJ – 20922-970

Impresso no Brasil
2009

ESTE LIVRO
(e esta coleção)

Aqui na ilha/ o mar/ e quanto mar
sai dele mesmo/ a cada instante,
diz que sim, que não,/ que não, que não, que não,
diz que sim, em azul,/ em espuma, em galope,
diz que não, que não./ Não consegue ficar quieto,
meu nome é mar, repete/ batendo numa pedra
sem conseguir convencê-la.

"Ode ao mar", Pablo Neruda.

De um lado os sete mares (que não são sete), os mares coloridos (azuis, verdes, vermelhos, amarelos), as marés e os pescadores. De outro, Ulisses, o capitão Ahab, ilhas com tesouros, náufragos e Sexta-feira, velhos e seus mares e todos os tigres da Malásia.

O mar sempre fascinou cientistas, escritores e turistas. Quem nunca ficou na praia, admirando-o boquiaberto, pequeno diante de tanto para olhar e se perder? Herman Melville, o autor de *Moby Dick ou a baleia branca*, o admira e teme sem reservas: "Não se pode saber qual é o doce mistério do mar, cujo suave movimento parece falar de uma alma escondida lá embaixo... Lá longe, no azul sem fundo, se movem altivos leviatãs, peixes-espada e tubarões; esses são os fortes, perplexos e criminosos pensamentos do mar."

O escritor francês Marcel Proust, como sempre, preocupa-se com o tempo: "No mar, nada permanece, pelo mar tudo passa fugindo, e que rápido se apaga o rastro dos barcos que o atravessam!"

E os autores deste livro, biólogos e marinheiros, nos levam a um passeio pelos mares, suas formas, seus sais, correntes, peixes e monstros marinhos. Todos a bordo!

Porque no mar a vida tem mais sabor... No mar, te amo muito mais. Com o sol, a lua e as estrelas, no mar tudo é felicidade.

Esta coleção de divulgação científica é escrita por cientistas que acreditam que já é hora de pôr a cabeça para fora do laboratório e contar as maravilhas, as grandezas e as misérias da profissão. Porque é disto que se trata: de contar, de compartilhar um saber que, se continuar aprisionado, pode tornar-se inútil.

Ciência que ladra... não morde — apenas dá sinais de que anda.

Diego Golombek

Sumário

CAPÍTULO 1
O mar 9
A TERRA É TERRA E DE COR AZUL 11
O MAR ESTAVA SALGADO, SALGADO ESTAVA O MAR 13
NO MAR A VIDA TEM MAIS SABOR, NO MAR TE AMO MUITO MAIS 18
A COISA SE COMPLICA 20

CAPÍTULO 2
Os mares 23
A FORMAÇÃO DOS OCEANOS 25
POR ACASO OS CONTINENTES E OS OCEANOS SEMPRE ESTIVERAM NO MESMO LUGAR? 25
VERDE-MAR OU AZUL-MARINHO? 32
O MAR NEGRO 34
O MAR VERMELHO 35
O MAR AMARELO 36
OS MARES QUE NÃO SÃO MARES 36

CAPÍTULO 3
Os movimentos do mar 39
AS MARÉS 41

ALTAS MUITO ALTAS E BAIXAS MUITO BAIXAS 42
RIOS NO MAR 45
CORRENTE DO GOLFO 49
CORRENTE DE HUMBOLDT 50
SEGUINDO A CORRENTE 52
ONDAS QUE AO PASSAR... 53
MOVIMENTOS IMPERCEPTÍVEIS 55

CAPÍTULO 4
Pescador e violeiro... 57
A VACA DÁ O LEITE; O MAR, PESCADO E CRUSTÁCEOS 60
CAMARÃO BRASILEIRO: LÍDER DE EXPORTAÇÃO 63
LAGOSTAS VERMELHAS E VERDES 65
A PESCADA E SUAS MUITAS ESPÉCIES 66
A SARDINHA VAI SUMIR DE NOSSAS PANELAS? 67
GESTÃO PESQUEIRA 68
A ARTILHARIA CIENTÍFICA 73
SELO VERDE 77

CAPÍTULO 5
Serpentes, lulas, sereias e outras criaturas 79
MONSTROS ENLATADOS 83
A PEQUENA SEREIA 84
A FARMÁCIA DE NETUNO 87
A CIÊNCIA E O MAR 90

BIBLIOGRAFIA COMENTADA 93

CAPÍTULO 1 O mar

> *No início era o mar... tudo estava escuro*
> *Não havia sol, nem lua, nem gente, nem plantas.*
> *O mar estava em toda parte.*
> *O mar era a mãe:*
> *o mar não era gente, nem ninguém, nem coisa alguma.*
> *Ele era o espírito daquilo que viria.*
> *Ele era o pensamento e a memória.*
>
> povo Kogui, Colômbia

A TERRA É TERRA E DE COR AZUL*

Todo mundo sabe que o planeta Terra, pelo menos em sua superfície, é mais água do mar do que terra. Deixando de lado a questão filosófica de que seria mais adequado que o planeta se chamasse Água (ou por que não Mar?), a verdade é que o mar cobre quase toda a superfície do planeta (duas partes de mar para uma de terra). Mas o mar não é só uma costa bonita, também tem seu lado profundo ou, como reza a canção: "Quão profundo é o oceano, quão alto é o céu?"**

---

*Extraído de uma canção do grupo de *rock* argentino Los Piojos.
**"How deep is the ocean? (How high is the sky?)", título de uma canção de Irving Berlin, um dos mais importantes compositores de *jazz* do século XX.

A questão da altura do céu fica para outro livro; quanto ao mar, para darmos uma ideia de sua profundidade, em 1959, o navio soviético *Vitiaz* descobriu o lugar que até hoje é considerado o mais profundo, a fossa de UAM,* nas ilhas Marianas, no mar das Filipinas, que tem profundidade de 11 quilômetros. Se o monte Everest estivesse na fossa das Marianas, como é conhecida popularmente, seu topo ainda estaria uns 2 quilômetros abaixo da superfície. E, já que estamos falando de montanhas, a verdade é que o mar tem mais — e os mais altos — montanhas e vulcões do que os continentes. Por exemplo, algumas dessas "montanhas marinhas" são tão altas que muitas das ilhas que conhecemos são na verdade o topo de algumas delas que emergem à superfície. O vulcão Mauna Kea, do Havaí, mede mais de 10 mil metros desde a sua base, no fundo do mar, o que o torna a montanha mais alta do planeta... que decididamente deveríamos chamar de "Água".

Além das suas características orográficas, o mar tem enorme importância na origem, na evolução e na manutenção da vida no planeta, pois nele podemos rastrear a origem de todos os seres vivos, desde os seus primórdios, como uma sopa de substâncias mais ou menos simples, até hoje e até nós mesmos.

---

*Entre 1872 e 1876, o navio *Challenger* fez uma expedição que cobriu 60 mil milhas náuticas (cerca de 112 mil quilômetros), ocasião em que encontrou a fossa submarina na região das ilhas Marianas, hoje chamada fossa de Challenger.

O MAR ESTAVA SALGADO, SALGADO ESTAVA O MAR

Uma das coisas mais antigas que há na face da Terra é o mar, pois ele já existia antes das montanhas, dos bosques, dos rios e, é óbvio, dos continentes tal como os conhecemos. Parece que quando o planeta começou a esfriar, há mais ou menos 4,5 bilhões de anos (diga-se de passagem que, no seu interior, a Terra ainda está de fato queimando),* o vapor de água se condensou sobre a superfície, formando os mares primitivos. Os cientistas, no entanto, concordam que a maior parte da água não proveio dessa condensação, mas brotou do interior da Terra, através dos vulcões, e originou não apenas os oceanos mas também, ao mesmo tempo, o aquecedor e o banho de vapor.

Nem sempre se acreditou que a Terra tivesse muitos bilhões de anos. Os teólogos foram os primeiros a calcular a idade absoluta do planeta e consideravam hereges aqueles que questionavam seus cálculos. Em 1654 o arcebispo irlandês James Ussher, usando a Bíblia como referência, chegou à conclusão de que a criação ocorreu em 26 de outubro de 4004 a.C... às nove da manhã.

No século XVIII, na Inglaterra e na França, os cientistas discutiam a idade da Terra. Vários deles, incluindo o geólogo escocês James Hutton, ao estudarem as camadas de sedimentação, acreditavam que a Terra tinha pelo menos dezenas de milhões de anos de idade, mas não conseguiam arriscar uma data.

---

*O núcleo do planeta está a uns 6.650ºC.

Cerca de duzentos anos depois de Ussher — por volta de 1860 —, o cientista escocês William Thomson, mais conhecido como lorde Kelvin, com base em observações dos fluxos de lava vulcânica e nas explorações de minas, soube que o interior da Terra era mais quente que a superfície (um fenômeno chamado gradiente geotérmico). Lorde Kelvin supôs (acertadamente) que a Terra tinha começado como um corpo de material fundido a uma temperatura próxima dos 3.850°C. A linha de pensamento que ele seguiu foi engenhosa: sugeriu que o tempo necessário para que o gradiente geotérmico alcançasse seu valor atual era de aproximadamente 100 milhões de anos. Essa era, segundo ele, a idade da Terra. Os geólogos contemporâneos de Kelvin achavam que a idade do planeta devia ser um pouco superior.

Algumas décadas depois — por volta de 1900 —, foi descoberta a radioatividade,* e tudo mudou. Os processos radioativos que ocorrem no centro da Terra geram uma quantidade extra de calor. Hoje sabemos que, se lorde Kelvin tivesse essa informação, seus cálculos teriam se aproximado mais daqueles que os geólogos de sua época propunham, embora estivessem longe da estimativa atual.

Mas como os geólogos fazem para saber que uma coisa ocorreu há 4,5 bilhões de anos?

Há elementos químicos que "se transformam" com o

---

*A radioatividade é a desintegração espontânea dos núcleos dos átomos pela emissão de partículas subatômicas, chamadas partículas alfa e partículas gama, e de radiações eletromagnéticas, chamadas raios X. Os franceses Becquerel e o casal Curie foram precursores nesse campo.

tempo. Para um mesmo elemento, há átomos* com o mesmo número de prótons (número atômico) que o átomo original, mas com número diferente de nêutrons (número de massa diferente). Isso quer dizer que eles são quimicamente iguais, mas apresentam "características nucleares diferentes". Os isótopos podem ser estáveis ou instáveis, ou seja, radioativos. Os isótopos radioativos são os que emitem radioatividade. Os cientistas aproveitam essa propriedade e, conhecendo o tempo que um isótopo leva para se transformar em outro (vida média), podem saber a idade de uma rocha. Por exemplo, a vida média do isótopo urânio 238 (U^{238}) para se transformar em chumbo 206 (Pb^{206}) é de 4,5 bilhões de anos. Esses isótopos são usados para "datar" (saber a idade) as rochas antigas; o estudo é feito calculando-se a relação U^{238}/Pb^{206}. Para estudar as rochas de idade intermediária, emprega-se a relação entre o potássio e o argônio (K^{40}/Ar^{40}) e, para as mais jovens, entre o carbono e o nitrogênio (C^{14}/N^{14}). (Este último com a desvantagem de, a partir da idade de 30 mil anos, ter margem de erro maior.)

Como os oceanos são muito antigos, para saber quando eles se formaram, em geral se mede a relação U^{238}/Pb^{206}. A temperatura de cristalização das rochas é de 800°C, e a partir dela os elementos radioativos desaparecem; por isso os geólogos dizem que "o relógio volta a zero". Assim, conhecendo as quantidades atuais de U^{238} e do Pb^{206} formado pela desintegração do U^{238}, pode-se calcular o tem-

---

*O átomo — do grego "não divisível" — é a menor unidade possível de um elemento químico. É formado por um núcleo com prótons e nêutrons, unidos por forças muito intensas, e os elétrons encontram-se em "camadas" periféricas.

po em que se iniciou a desintegração radioativa, o que coincide com a idade de formação da rocha. Por exemplo, se numa rocha medimos 120 unidades de Pb^{206} e 0,002 de U^{238}, temos que

$$\text{Idade da rocha} = \frac{\text{Quantidade de } Pb^{206}}{\text{Quantidade de } U^{238}} \times 4.500 \text{ anos} = \frac{120}{0,002} \times 4.500 = 270 \text{ milhões de anos.}$$

Os mares recém-formados teriam uma composição química muito diferente da dos mares atuais. Apresentavam uma grande quantidade de cloro, bromo, iodo, boro e outras substâncias que teriam tornado o mergulho pouco atraente, se houvesse algum organismo apto a mergulhar... O desgaste das rochas, a erosão das costas e os rios, ao arrastar materiais dos continentes, foram despejando sais minerais, de tal forma que o mar se tornou cada vez mais e mais salgado.

Mas quão exatamente salgado é o mar? Um momento! Primeiro, como se mede a quantidade de sal que há na água? Podemos, com paciência e em condições controladas, evaporar 1 quilo de água e pesar todo o sal que ficar no recipiente. Assim se obtém a salinidade, definida como a quantidade de sal que há em 1 quilo de água. Mas como esse método é muito trabalhoso e impreciso, atualmente se utiliza a capacidade de condução elétrica de uma solução salgada comparada com uma solução "padrão" de cloreto de potássio. Dessa forma, mede-se a condutividade da água salgada, que, quanto mais salgada for, mais eletricidade conduzirá. Os aparelhos com que se mede a salinidade podem tanto ser salinômetros quanto condutímetros.

De novo, então, quão salgado é o mar? Se essa pergunta for feita a um oceanógrafo (cientista que estuda os oceanos), certamente a resposta será um enigmático "depende". A justificativa para essa resposta se baseia no fato de a salinidade média do mar variar entre 15 e 40 ups (gramas de sal por quilograma de água),* na superfície, e entre 34,6 e 35 ups no fundo. Assim como no planeta a temperatura do ar (e também da água do mar) diminui conforme se aproxima dos polos (ou das altas latitudes: o equador está a uma latitude de 0°; Buenos Aires a 33° de latitude Sul; o Rio de Janeiro, a 22°55'; e os polos a 90°), a salinidade na superfície do mar também varia conforme a latitude. Em qualquer dos oceanos, se navegarmos por mar do equador em direção aos polos, veremos que perto do equador a salinidade é a mais baixa, em torno de 34,5 ups. Ali, o mar está relativamente "diluído", como resultado das grandes precipitações (chuvas) equatoriais. Quando chegamos perto dos 30° de latitude, tanto Sul como Norte, encontramos áreas com máxima salinidade, de uns 37 ups, produto de uma evaporação alta, que supera a precipitação. Se observarmos um planisfério, nessas latitudes, sobre os continentes, estão os maiores desertos do mundo, como, por exemplo, o Saara. Essa coincidência se dá porque efetivamente há poucas chuvas, o que provoca desertos na terra e águas marinhas "evaporadas", que se tornam mais salgadas (como o famoso caso da sopa esquecida no fogo). Seguindo em direção aos polos e em latitudes

---

*Atualmente a salinidade é medida em "unidades práticas de salinidade" (ups). Saiba que, a partir daqui, quando dissermos ups isso equivale a "gramas de sal por quilograma de água".

em torno de 60°, voltamos a encontrar zonas de salinidade relativamente baixa, porque nessas áreas as precipitações superam a evaporação. As salinidades são de aproximadamente 34 ups. Nas áreas polares, a salinidade varia com as estações do ano: aumenta no inverno, com a formação do gelo marinho, e diminui na primavera e no verão, quando o gelo se derrete e gera água doce. Isso quer dizer que, em diferentes pontos do mundo e a diferentes profundidades, o mar pode ser mais ou menos salgado. Em 1884, o químico escocês William Dittmar analisou 77 amostras de água do mar, coletadas em diferentes partes do mundo durante a expedição científica do navio *Challenger*, e descobriu que os oito principais componentes da água do mar (sódio, magnésio, cálcio, potássio, cloreto, sulfato, bicarbonato e brometo)* são encontrados em proporções constantes em qualquer lugar do mundo. Essa relação recebe o nome de "conceito de constância da composição" e é muito importante para medir a salinidade da água do mar, pois determinando a concentração de qualquer dos componentes podemos saber a concentração dos demais.

NO MAR A VIDA TEM MAIS SABOR, NO MAR TE AMO MUITO MAIS**

Até há uns 3,5 bilhões de anos, o mar primitivo era uma solução composta de substâncias químicas mais ou menos

---

*O sódio e o cloreto (componentes do sal de cozinha) constituem um pouco mais de 85% dos sólidos dissolvidos na água do mar e lhe conferem seu sabor característico.
**De uma canção, já clássica, do compositor cubano Osvaldo Farrés.

simples, e não existia nenhum organismo vivo. Em determinado momento, as moléculas que formavam uma parte desse caldo se organizaram e deram origem às primeiras bactérias e algas unicelulares, muito parecidas (sabemos pelos fósseis)* com as que hoje nos rodeiam quando nadamos no mar.

Esse processo de passagem de uma solução de substâncias inorgânicas para moléculas organizadas em "matéria viva" (ou do estado "caldo" para o "cozido") é o mais misterioso e extraordinário dos fenômenos ocorridos no nosso planeta "Água". Os primeiros organismos, os mais simples que existem na atualidade, que originaram toda a vida no mar e na terra foram as bactérias, que ainda são os organismos mais abundantes do mundo. Por outro lado, outros organismos muito simples, chamados fitoplâncton (vem do grego e quer dizer algo como "plantas viajantes"), são de particular importância na evolução e na manutenção da vida no planeta.

A maioria das espécies de fitoplâncton mede menos de 1 milímetro, e as menores, cinquenta vezes menos. Embora sejam muito pequenos, eles compensam seu tamanho com uma abundância extraordinária, já que 1 metro cúbico de água marinha pode conter 200 mil exemplares. Viajantes, mas ao fim e ao cabo "plantas", os integrantes do fitoplâncton conseguem aproveitar a luz solar e as substâncias inorgânicas da água do mar — como o dióxido de carbono — para elaborar as complexas moléculas que formam sua estrutura, que é a famosa matéria orgânica. Esse

---

*Um fóssil é qualquer indício direto de um organismo que tenha vivido no passado (geralmente há mais de 10 mil anos).

fenômeno é nada mais nada menos do que a fotossíntese. Esse processo é possível graças à clorofila, a substância "mágica" que permite aos vegetais captar a energia da luz solar como se fosse uma tela e fabricar seus próprios alimentos a partir de minerais e água.

A COISA SE COMPLICA

Desde que surgiram os primeiros organismos, a vida no planeta não parou de se complicar, se expandir, evoluir e conquistar novos ambientes. Como sabemos, existem bactérias em toda a parte, e também o plâncton, de onde se forma — obviamente — o bacterioplâncton (ou seja, "bactérias viajantes"). Pouco depois da aparição do fitoplâncton, surgiram organismos que, por não terem clorofila, não conseguiam aproveitar a energia solar para criar estruturas complexas. Isso significa que eles precisavam "comer" os que tinham essa capacidade e energia acumulada em cadeias de carbono. Esses primeiros organismos marinhos "comedores" de bactéria e fitoplâncton constituem o zooplâncton (em grego básico outra vez). Por outro lado, o plâncton (bactéria, zoo e fito) costuma ser o prato principal de muitos seres maiores, que, por sua vez, figuram no cardápio de outros. Isso constitui a famosa teia trófica, ou cadeia alimentar.

Há 570 milhões de anos (mais ou menos), a terra firme estava deserta, pois todos os seres vivos (animais e vegetais) viviam na água. Graças à existência de muitas rochas de origem marinha com abundantes fósseis bem conservados, pode-se saber que, no período entre aproximadamente 570 e 247 milhões de anos atrás, a vida no mar experimentou um desenvolvimento impressionante. Nesse tempo, tiveram seu auge animais pequenos e relativamente "simples", como os radiolários e os foraminíferos (espécies que ainda existem em grande quantidade), e também animais maiores e de organização "mais complexa", como os trilobitos. Durante esse período, muitos animais desenvolveram estruturas "estranhas": alguns tinham carapaça e outros, esqueletos, como os peixes. Atualmente, há mais de 20 mil espécies de peixes e, dentre elas, 60% vivem no mar. Em relação ao seu esqueleto, os peixes podem ser classificados entre os que têm esqueleto composto só de cartilagem (peixes cartilaginosos) e aqueles com esqueleto de osso, os peixes ósseos. Os dois grupos surgiram mais ou menos ao mesmo tempo. Os peixes mais primitivos são os que não dispõem de mandíbulas nem escamas: os peixes-bruxas e as lampreias, que, além disso, são os vertebrados vivos mais antigos, pois estão nadando por aí — geração após geração — há 500 milhões de anos.

Ao final desse período, a terra já estava povoada por criaturas que tinham posto o nariz fora da água e desenvolvido patas (os anfíbios e os répteis). Há cerca de 200 milhões de anos, alguns começaram a "voltar" para o mar, mas transformados em seres totalmente diferentes. Os primeiros a voltar foram os répteis, que deram origem às tartarugas primitivas. Depois, alguns grupos de aves deixaram de voar no ar para "voar" dentro da água. É exatamente essa a sensação que temos hoje quando vemos os pinguins nadando debaixo da água.

Um pouco mais tarde (faz uns 50 milhões de anos), outro grupo de animais que tinha abandonado a água havia 100 milhões de anos, os mamíferos, se sentiu atraído pela abundância de recursos do mar e começou a voltar (afinal, eles não se satisfazem com nada!). Esses foram os antecessores dos golfinhos e das baleias atuais. Pouco depois (ou seja, alguns milhões de anos mais tarde), outro grupo de mamíferos, provavelmente parentes dos ursos e das lontras, "mergulhou" no mar, e seus descendentes são as focas, os leões-marinhos e as morsas atuais. Seu retorno tardio ao mar se evidencia ainda em suas patas posteriores, no hábito de reproduzirem-se em terra e na forma dos seus crânios (que são muito parecidos com os de seus parentes terrestres). Mas, se sua evolução não se interromper, a expectativa é de que o que hoje conhecemos como elefante-marinho em alguns milhões de anos esteja fugindo de um navio baleeiro, isso se nós, seres humanos, ainda não tivermos aprendido a lição depois de ter levado praticamente à extinção tantos seres vivos...

É interessante pensar na origem marinha da vida no planeta, na sua crescente complexidade, e seguir com a imaginação a linha que une os primeiros organismos simples, que "comem" luz, a essas criaturas descendentes dos mares que conseguem escrever e ler estas palavras... nós, os seres humanos.

CAPÍTULO 2   Os mares

A FORMAÇÃO DOS OCEANOS

Os oceanos que existem hoje são o Pacífico Sul e o Norte, o Atlântico Sul e o Norte, o Antártico, o Ártico e o Índico. Esses oceanos, ainda que sejam sete, não são os "sete mares" aos quais se refere a expressão "navegou os sete mares" para caracterizar um marinheiro experiente. Essa expressão teve origem na quantidade de mares conhecidos pelos árabes na Antiguidade: o mar Mediterrâneo, o mar Vermelho, o mar da África do Leste, o mar da África do Oeste, o mar da China, o golfo Pérsico e o oceano Índico.

POR ACASO OS CONTINENTES E OCEANOS SEMPRE ESTIVERAM NO MESMO LUGAR?

A disposição dos continentes e dos oceanos tal como conhecemos na atualidade — seja vendo um globo terrestre (como isso parece antigo!), seja uma imagem via satélite — nem sempre foi a mesma, nem será a mesma no futuro. Muda, tudo muda... O primeiro a notar algo estranho foi

Ortelius,* que por volta de 1600 percebeu que o contorno da América do Sul se encaixava quase perfeitamente no da África. Em fins do século XVIII, o multifacetado Benjamin Franklin** sugeriu que a crosta terrestre flutuava sobre um fluido no interior do planeta. Já no final século XIX, um geólogo austríaco, Suess, encontrou plantas fósseis semelhantes e depósitos glaciais de idade geológica similar em lugares muito distantes entre si, como África, Índia, América do Sul, Austrália e Antártica. Além da observação de Ortelius, notou-se que não apenas as formas dos continentes se encaixavam como também havia uma continuidade na flora e nas camadas de sedimentos que tinham existido ali. Isso fez Suess pensar que em algum momento existira um "supercontinente" no hemisfério Sul, formado por todas essas partes, ao qual chamou de Gonduana,*** em homenagem a determinado sítio geológico, localizado na Índia.

Mas a verdade é que os continentes estão em permanente deslocamento, acompanhados por partes da crosta terrestre submersa no mar. A paternidade dessa ideia (chamada "teoria da deriva continental") é atribuída a Alfred

---

*Abraham Ortelius foi autor do *Theatrum orbis terrarum* (Teatro do mundo), a primeira coletânea moderna de mapas que deu origem ao conceito de atlas, cuja ideia extraiu de Mercator. Ortelius ganhava a vida como desenhista de mapas, e sua obra superou a dos poderosos italianos, portugueses e espanhóis que estavam no mesmo negócio.
**Ao que parece, na época da independência norte-americana era preciso ter vários empregos para sobreviver. O bom Ben, além de filósofo, economista, estadista e músico, foi cientista e inventor do para-raios, das lentes bifocais, do odômetro para medir as distâncias nas rotas, de uma cozinha-estufa à lenha e da primeira companhia de seguros contra incêndios. Um visionário.
***"A terra dos Gond", uma tribo dravidiana da Índia.

Wegener, um meteorologista alemão que no início do século XX passou uma boa temporada na Groenlândia; o que mais poderia fazer lá além de pensar? Entre outras coisas, ao medir coordenadas geográficas (latitude e longitude), descobriu que, em um intervalo de cem anos, a Groenlândia afastara-se mais de 1,5 quilômetro da Europa. E que, enquanto Paris e Washington se afastavam à razão de 30 centímetros por ano, Xangai (na China) e San Diego (nos Estados Unidos) se aproximavam 60 centímetros por ano no mesmo período.* Isso, somado ao achado de fósseis de diferentes tipos de rocha, a estruturas geológicas, a antigos padrões climáticos comuns a vários continentes separados entre si e ao fato de que os continentes e suas plataformas continentais** se encaixavam melhor do que Ortelius pensara, fez com que Wegener postulasse a existência — há alguns milhões de anos — de um grande continente ao qual chamou "Pangeia".*** O sr. Alfred dizia que esse supercontinente havia se dividido em várias partes, e que os continentes começaram a se deslocar, separando-se uns dos outros, e assim, por exemplo, formou-se o oceano Atlântico. Como ele não podia explicar o mecanismo pelo qual os continentes se moviam, seus colegas — sobretudo norte-americanos e britânicos —, além de criticá-lo duramente, duvidaram de sua saúde mental, e sua hipótese foi desprezada até a década de 1960.

---

*Essas estimativas são claramente exageradas de acordo com os dados que conhecemos hoje.
**A plataforma continental é a superfície submarina que se estende com um suave declive (com inclinação de menos de 1 grau) da beira do continente até o talude continental (um degrau de declive mais pronunciado).
***Do grego "toda a terra".

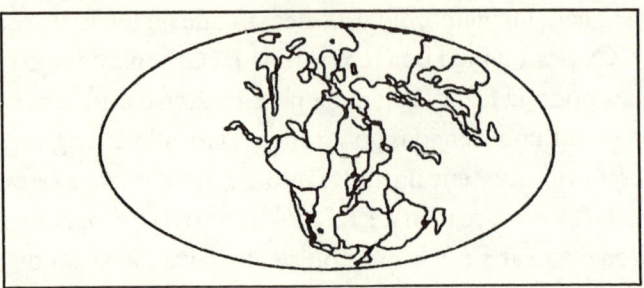

Figura 1
Uma visão da Pangeia

Atualmente, e isso só foi aceito de trinta anos para cá, o conceito de placas tectônicas explica a formação dos oceanos modernos. Existem provas de todo tipo (sismológica, sedimentar, magnética e até via satélite) do movimento dessas placas. As fronteiras entre elas são regiões "ativas" em que há tendência para a produção de terremotos e erupções vulcânicas. É o caso do contato entre as placas atlântica e pacífica; na costa oeste da América, seu indício visível são a cordilheira dos Andes e os terremotos associados a ela.

A crosta terrestre está dividida em cerca de vinte placas semirrígidas, que por sua vez flutuam sobre o manto terrestre,* muito mais denso e quente, tal como pensava Franklin. A diferença de temperatura produz correntes convectivas, que fazem com que o material quente do interior da Terra suba por lugares específicos (por exemplo,

---

*O manto terrestre é a camada entre a crosta e o núcleo; tem cerca de 2.900 quilômetros de espessura e é composto por uma matéria em estado viscoso, provavelmente silicato de ferro e magnésio.

pela dorsal mesoatlântica).* Isso faz com que as placas se desloquem como se fossem cortiças se movendo numa superfície de água quente.

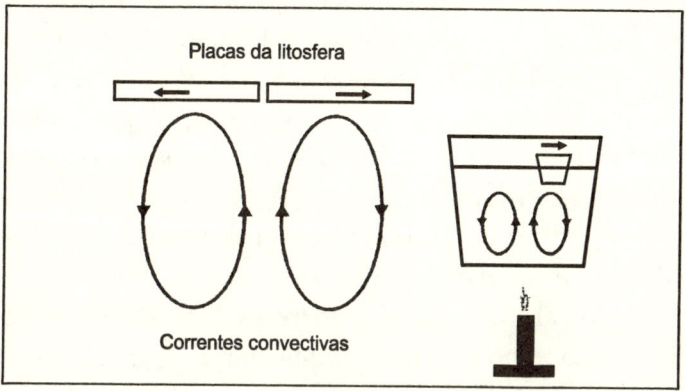

Figura 2
O fenônemo da convecção.
O material quente do interior do planeta gera correntes que fazem com que as placas tectônicas se movam, assim como a água quente de um recipiente faz que uma cortiça que flutua na superfície se mova.

Tomemos o oceano Atlântico como exemplo. Se fizermos uma viagem submarina, navegando bem rente ao fundo, de Mar del Plata (cidade costeira argentina) até Cidade do Cabo, na África do Sul, percorreremos diferentes ambientes. Primeiro, a plataforma continental, de suave declive; depois, pouco a pouco, descemos até chegarmos a 150 ou a 250 metros de profundidade. Enquanto seguimos abruptamente para o fundo, pelo declive continental, o mar se torna insondável a muito pouca distância.

---
*Como se verá mais adiante, uma grande cadeia montanhosa que percorre o oceano Atlântico de norte a sul.

Adiante, há uma fossa a mais de 5 mil metros de profundidade, e, na metade do caminho, uma cordilheira vulcânica submersa: a dorsal mesoatlântica. Essa cordilheira tem 1.500 quilômetros de largura (equivalente à distância entre Santiago do Chile e Punta del Este, no Uruguai) e se eleva sobre o fundo marinho entre mil e 3 mil metros de altura, com um vale principal central tão profundo como a própria altura da cordilheira. Se seguirmos viagem até a África do Sul, tornaremos a ver a mesma paisagem submarina: outra fossa profunda e outra plataforma continental, antes de chegarmos novamente à costa.

A dorsal mesoatlântica corre de Norte a Sul, pelo meio do oceano e de forma equidistante entre os continentes que o rodeiam — América, África e Europa. É uma cordilheira vulcânica submersa da qual emerge lava das profundidades da Terra e vai formando o fundo marinho na razão de 3 centímetros por ano. Essa atividade vulcânica submersa vai empurrando para leste e oeste as respectivas placas tectônicas — a atlântica e a africana —, fazendo com que se separem.

Esses ambientes vulcânicos submersos são considerados os mais extremos do planeta. Imagine o leitor que organismo poderia viver perto de lugares onde há chaminés que emitem vapor de água a 350°C... Os biólogos acreditavam que não seria possível, e, por isso, desprezaram sua existência nas primeiras explorações dos submarinos em altas profundidades (como o que descobriu o *Titanic* afundado). A pedido dos geólogos, esses artefatos foram buscar os pontos quentes do oceano, mas a surpresa foi dos biólogos: perto dessas chaminés que esguicham água superquente havia enormes vermes brancos, com plumas vermelhas, ondeando brandamente nas correntes, rodeados de mexilhões de cor amarelo-claro, caranguejos, camarões e moluscos gigantescos. As perguntas foram imediatas: de que se alimentam esses animais? Quais os primeiros elos na cadeia trófica a uma profundidade onde tudo é escuridão? Como sempre, a culpa, doutor, é de uma bactéria. As bactérias quimiossintéticas utilizam os compostos do enxofre (sulfatos) dissolvidos na água do mar a partir da lava vulcânica em vez da luz solar para sintetizar seu próprio alimento. Essas bactérias constituem o início de uma cadeia trófica e são equivalentes ao fitoplâncton da camada superior do mar.

Como dissemos antes, e para acrescentar mais referências temporais, a Terra terminou de esfriar há cerca de 5 bilhões de anos; a vida apareceu há cerca de 3 bilhões de anos; os dinossauros existiram há 240 milhões de anos, e o homem surgiu sobre a superfície terrestre há apenas 3 milhões de anos.

Há 250 milhões de anos, Gonduana (no hemisfério Sul) separou-se da Laurásia (o supercontinente do hemisfério Norte formado pela América do Norte e pela Eurásia). Se pensarmos em Gonduana há 200 milhões de anos, América, África, Antártida, Austrália e Índia estavam praticamente unidas. Há cerca de 130 milhões de anos um mar começou a se abrir entre o conjunto formado pela América e pela África e o conjunto da Antártica, da Austrália e da Índia. Esse mar iria formar o mar de Weddel (atualmente Antártico), o canal de Moçambique (entre a África Oriental e Madagascar) e a parte ocidental do oceano Índico. Há 70 milhões de anos, a África e a América do Sul já estavam separadas, e o oceano Atlântico já se havia formado; mas a atual península Antártica obstruía a comunicação entre o Atlântico e o Pacífico. Há 35 milhões de anos, a península Antártica começou sua viagem para o Sul, e abriu-se a passagem de Drake. Há 23 milhões de anos estabeleceu-se uma corrente marinha ao redor da Antártica, que, somada a um resfriamento global do planeta, isolou as águas austrais e formou o oceano Antártico.

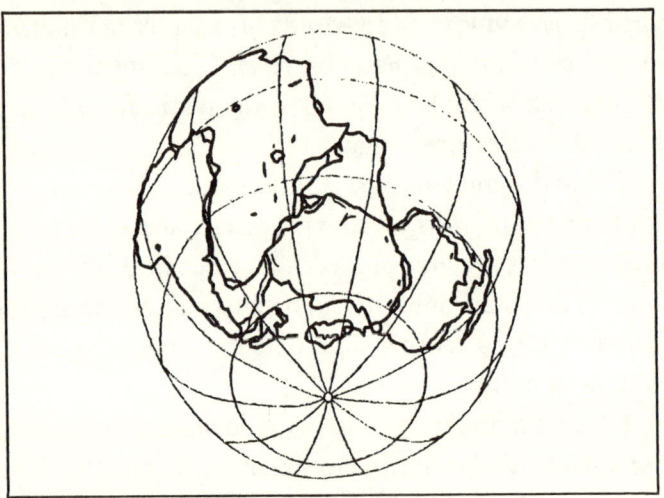

Figura 3
O supercontinente Gonduana há cerca de 200 milhões de anos.

VERDE-MAR OU AZUL-MARINHO?

Começamos essas anotações dizendo que a Terra é de cor azul, e isso porque a cor do planeta se deve ao mar. Mas por que o mar é azul?

A resposta tem, literalmente, dois pontos de vista. Se estivermos submersos na água, veremos que o mar é azul. A luz do Sol é composta de "muitas luzes" (comprimentos de onda) de diferentes cores, que, juntas, formam a luz branca; algumas são absorvidas e outras são refletidas pelas partículas que estão dissolvidas em qualquer corpo de água (sais, sedimentos, organismos unicelulares e até mesmo as moléculas da água). Quando a luz solar penetra na água do mar, boa parte é absorvida no primeiro metro abaixo da superfície. Os vermelhos são os que se absorvem primeiro, enquanto os verdes e os azuis são menos absorvidos. Então, na superfície do mar as cores verdes e azuis da luz solar estão "disponíveis" para ser refletidas, e assim vemos a cor "azul do mar". Do total da luz solar incidente, apenas 1% chega aos 150 metros de profundidade, e é praticamente toda azul. Por isso as imagens submarinas têm essa tonalidade escura característica: por estarem iluminadas por luz azul — a menos que o fotógrafo/cinegrafista use luz adicional. Os oceanógrafos medem a quantidade de luz com um fotômetro. Uma versão barata e eficaz é o disco de Secchi, que nada mais é que uma chapa metálica circular (ou seja, uma tampa de lata) pintada de branco e de preto (ou apenas de branco), que é descida por uma corda até as profundidades, e com a qual se mede a transparência da água. Em mar aberto, a visibilidade do disco pode chegar até os 20 metros, mas o máximo de 79 metros foi registrado nas transparentes águas antárticas do mar de Weddell. Mas, se estamos procurando desde o início a resposta óbvia, o mar é azul porque reflete a cor do céu, e é por isso que num dia nublado não o vemos azul, mas cinza. Mas, então, por que o céu é azul, hein? O céu é azul porque a luz do Sol, que é composta de "muitas luzes" (comprimentos de onda) de diferentes cores que, juntas, formam a luz branca, ao chegar à atmosfera se dispersa ao chocar com as moléculas de ar. Assim, o comprimento de onda que se dispersa mais facilmente com o ar é o azul. Até aqui, tudo bem; mas por que o mar não é sempre azul e por que nem todos os mares são azuis?

O mar pode assumir diferentes cores por muitas razões: a profundidade, a concentração de partículas em suspensão, a quantidade e a cor do fitoplâncton (que pode ser formado por algas verdes, pardas ou vermelhas). Uma das cores que mais comumente o mar adquire, quando não é azul, é o verde; essa cor é outro exemplo da importância da vida em nosso planeta, porque tanto o mar verde como o céu azul devem sua cor ao fitoplâncton.

Como assim? O céu é azul por causa das plantas? Sim, porque a camada de oxigênio que rodeia a Terra (atmosfera), e que faz que o céu seja azul, foi gerada durante 3,5 bilhões de anos pelo fitoplâncton, que, quando aparece em grandes concentrações, confere ao mar um tom verde. Mas assim mesmo não devemos nos entusiasmar com o azul-marinho, porque há mares famosos por não serem azuis.

O MAR NEGRO

O mar Negro é um mar interior, ou seja, está no meio de um continente. Situa-se entre a Europa e a Ásia e se comunica com o mar Mediterrâneo pelo estreito do Bósforo, pelo mar de Mármara e pelo estreito de Dardanelos. Tem uma superfície de 411.500 quilômetros quadrados, é "pouco salgado" (tem aproximadamente a metade do grau de salinidade do mar Mediterrâneo), e abaixo dos 200 metros de profundidade não existe vida por falta de oxigênio. Além disso, onde não há oxigênio, existe uma substância muito inconveniente para a vida, que é o sulfeto de hidrogênio. Diz-se que o mar Negro tem esse nome porque os sulfetos escurecem os objetos metálicos submersos. De resto, se examinarmos o mar Negro notaremos que suas águas parecem limpas (devido à falta de vida). Por outro lado, ele tem uma vantagem muito útil para o banhista: podemos dormir tranquilamente na praia que, ao despertar, encontraremos as sandálias no lugar onde as deixamos, porque o mar Negro praticamente não tem marés.

O MAR VERMELHO

O mar Vermelho é um pouquinho maior que o Negro (430 mil quilômetros quadrados), está localizado entre a África e o Oriente Médio, entre o Egito e a Arábia Saudita, ao sul de Israel. O mar Vermelho deve seu nome à presença de uma alga flutuante, *Trichodesmium erythraeum*, que tinge a superfície de vermelho ou rosado. Também é um mar interior, mas diferencia-se do Negro por ser muito salgado (42 ups), pois os rios que o circundam praticamente não lhe fornecem água doce, há poucas chuvas e alta evaporação, consequência do clima desértico. Ele só recebe água do oceano Índico, por meio de um pequeno e pouco profundo estreito localizado ao Sul. A água que entra consegue compensar os quase 2 metros de altura de água que se evaporam a cada ano.

Outra característica a ser destacada desse mar, e que também o distingue do Negro, é que ele tem uma fauna extraordinariamente diversificada, a ponto de ser mais pujante em corais e peixes do que o Índico, um dos oceanos mais ricos do mundo.

O MAR AMARELO

O mar Amarelo estende-se entre a Coreia e a República Popular da China, e é um mar bem pequeno, já que tem uma extensão máxima de 640 quilômetros. Além disso, para as dimensões de um mar, ele é pouco profundo (menos de 90 metros) e deve sua cor ao fato de o rio chinês Huang Hei — o chamado rio Amarelo — desembocar nele.

Mas, então, por que o rio Amarelo é amarelo?

Porque, antes de desembocar no mar (Amarelo, é claro), o Huang Hei passa por um vale de chão argiloso mole e arrasta argila amarela, que o tinge. O resto já dá para imaginar.

OS MARES QUE NÃO SÃO MARES

Os mortos que vós matais gozam de boa saúde.
Dom Juan Tenorio, José Zorrilla

Infelizmente, temos que dar uma notícia que mudará sua vida: o mar Morto não é um mar, nem está morto. É, na verdade, um lago; mas não é um lago qualquer, é o lago mais salgado do mundo.* A salinidade do mar Morto é de 345 ups, dez vezes mais alta que a de qualquer oceano. Como se isso não bastasse, sua concentração de sal aumenta à medida que suas águas evaporam. No mar Morto, a quantidade máxima de sal dissolvido que a água aceita (saturação) está a ponto de ser alcançada. A salinidade tem um limite; uma vez alcançado esse limite, o sal que não pode se dissolver irá para o fundo (num processo chamado precipitação). Pode-se ter uma ideia do ritmo de evaporação do mar Morto graças a uma experiência realizada durante a ocupação de Israel na Segunda Guerra Mundial. Nessa ocasião, os ingleses puseram marcas para registrar o nível da água; essas marcas estão agora muito longe da borda.

De qualquer forma, ainda que o mar Morto não seja um mar verdadeiro, há de se reconhecer que se trata de um lago muito grande. Tem 80 quilômetros de extensão e 17 quilômetros de largura e, como está situado 417 metros abaixo do nível do mar, é a área terrestre natural mais profunda que existe. Encontra-se na fronteira entre Israel e a Jordânia e está rodeado pelas montanhas da Judeia, a oeste, e pelas do Moab, a leste. A água que alimenta o mar Morto é levada pelo rio Jordão, por alguns mananciais naturais e por vários riachos. Tais rios e riachos contribuem com pequenas quantidades de sal. Isso, somado às características climáticas propícias, com mais de trezentos dias

---

*A definição de mar não é muito precisa. É uma parte de um oceano que tem características particulares em virtude da geografia ou de divisões políticas. Segundo os dados reunidos pelo Bureau Hidrográfico Internacional, existem 54 mares, distribuídos em cinco grandes oceanos. Quanto aos lagos, a caracterização é mais fácil, pois um lago é simplesmente um corpo de água rodeado de terra, e pode ser de água doce ou salgada.

de Sol por ano e temperaturas médias por volta de 32°C no verão e 19°C no inverno, faz com que a quantidade de água evaporada seja maior do que a que chega. Com o tempo, tudo isso provavelmente fará com que o mar Morto siga o destino de tantos lagos salgados, e se transforme numa salina. Ou seja, que morra pouco a pouco.

Agora que sabemos por que o mar Morto não é um mar, vejamos por que não está morto. Por que tem esse nome? O mar Morto deve seu nome ao fato de que, à primeira vista, parece não haver vida em suas águas. Como bem disse o velho Aristóteles (384-22 a.C.): "A água é tão amarga e salgada que nenhum peixe vive nela e não permite que nenhum animal ou fera nela afunde." Quando Aristóteles falava da vida marinha, certamente pensava em peixes, algas e demais organismos que se podem ver com um simples olhar, mas hoje se sabe que algumas bactérias e algas vivem na água "tão amarga e salgada" do mar Morto.

Assim, da próxima vez que a tia Sara e o tio José mostrarem a famosa foto na qual estão lendo jornal enquanto flutuam no mar Morto, não percam a oportunidade de comentar: "Que linda foto! É no lago Vivo, não é?"

CAPÍTULO 3 Os movimentos do mar

AS MARÉS

As marés sempre foram motivo de curiosidade e houve muitas teorias para explicá-las. Galileu afirmava que a subida e a descida do mar em um ponto da Terra funcionam como a água de um aquário transportado em um ônibus: em virtude das acelerações e das freadas, ela "bamboleia". Galileu pensava que a Terra tinha um movimento de aceleração e desaceleração, o que faria a água do mar "bambolear".

As marés — como sabe todo mundo que já fez um castelo de areia que foi derrubado por uma onda — são o fluxo e o refluxo do mar causados principalmente pelas forças de atração dos corpos celestes. A Lua "atrai" a água do planeta Terra para ela. Assim, quando esse satélite está mais perto de algum ponto da Terra, a água é atraída e forma uma elevação (maré alta) do nível do mar nesse ponto. Mas a Lua também exerce uma força sobre a Terra, "afastando-a" da água do lado oposto do mundo. Por isso, quando em um ponto do planeta há maré alta, no lado oposto também há. Assim, as duas marés ocorrem em lados diametralmente opostos e alinhadas com a posição da Lua.* Quando a Lua se afasta, o efeito se apresenta por uma descida do nível da água (maré baixa).

Para entender como funcionam as marés, podemos imaginar que, todo dia, duas montanhas de ondas (maré alta) e dois vales de ondas (maré baixa) percorrem o planeta. Assim, as marés alta e baixa se repetem a cada 12 horas e 25 minutos em qualquer ponto do planeta. Por isso, o banhista que chega à praia sempre à mesma hora terá um pouco mais ou um pouco menos de faixa de areia disponível para fincar sua barraca dependendo da maré.

Mas por que esse ciclo é tão exato? Porque esse tempo corresponde à metade do tempo que a Lua leva para dar uma volta completa em torno da Terra, para voltar aproximadamente à mesma posição.

ALTAS MUITO ALTAS E BAIXAS MUITO BAIXAS

Os pescadores e os moradores de povoados costeiros sabem, desde a Antiguidade, que durante a Lua cheia a diferença entre as marés baixas e altas é muito maior do que quando a Lua está em quarto crescente ou minguante. Isso se deve ao fato de que, embora a protagonista das marés seja a Lua, é bom esclarecer que o Sol também exerce atração sobre os mares. Assim, ele também provoca marés. Mas, dado que o Sol está muito longe da Terra, as marés solares são aproximadamen-

---

*O que acontece na verdade é que, como a água dos oceanos se movimenta seguindo a velocidade da Lua, mas com um pequeno atraso, as marés não ficam exatamente alinhadas com ela. Uma consequência desse fenômeno é que a Terra "freia" e os dias ficam cada vez mais longos (cerca de 2 milésimos de segundo por século). Como se não bastasse, a Lua acelera, afastando-se da Terra cerca de 3 centímetros por ano.

te um terço menores que as lunares. Assim, durante a Lua nova e a Lua cheia (duas vezes por mês) as forças do Sol e da Lua se alinham, o que produz marés maiores que o normal (marés de sizígia), e durante o quarto crescente e o minguante (também duas vezes por mês), as forças de atração da Lua e do Sol se opõem, e as marés resultam menores que o habitual (marés de quadratura).

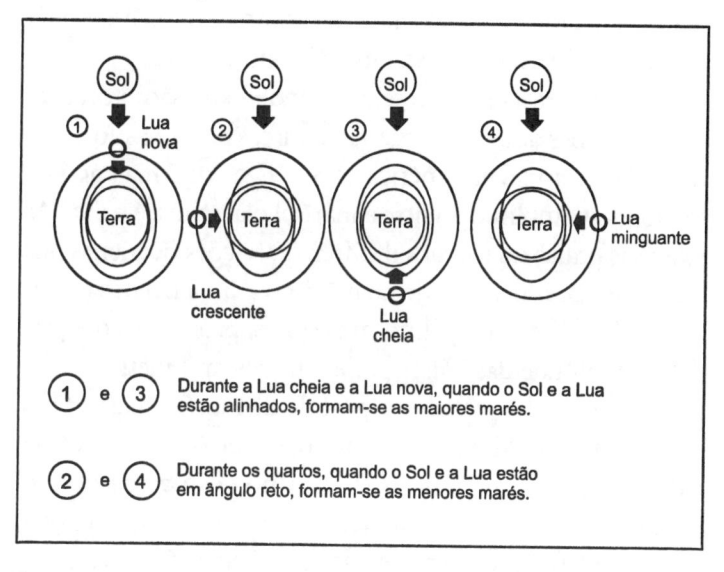

Figura 4
O fenômeno das marés se deve à força de atração da Lua e do Sol sobre a água terrestre.

A altura das marés também pode se modificar por características locais, como a situação geográfica de uma costa, no Leste ou no Oeste de um continente, a forma das costas (baías muito fechadas favorecem marés extremas), um vento forte e persistente do mar em direção à terra, que pode empurrar a água para a costa, aumentando o seu nível, ou até a pressão atmosférica, que, quando baixa muito, pode elevar o nível do mar porque a massa de ar que está sobre a água "pesa menos".

Amplitude de marés é a diferença entre a maré alta e a baixa. Em alto-mar não sentimos muito o efeito das marés, pois a amplitude é de cerca de 0,6 metro somente. Nos mares costeiros pouco profundos essa amplitude é muito maior, chegando até 19 metros, como acontece na baía de Fundy, situada na costa atlântica do Canadá.

A costa brasileira apresenta grande extensão litorânea, com variações de latitude que vão de áreas próximas ao equador até bem ao sul da América do Sul. E, quanto mais ao Sul, menores as amplitudes entre a maré cheia e a maré baixa. As extensas praias do litoral sul sofrem variações pequenas nos ciclos de marés baixas e de no máximo 1,5 metro nos períodos de Lua cheia, enquanto nas regiões próximas ao equador a amplitude das marés pode ultrapassar 4 metros.

No Brasil, há grande amplitude de marés em São Luís — baía de São Marcos —, com 6,8 metros, e em Tutoia (MA), com 5,6 metros. Também nos estuários do rio Bacanga (São Luís, com marés de até 7 metros, e na ilha de Maracá (AP), com marés de até 11 metros.

Existem basicamente três tipos de maré: a maré diurna, quando ocorre uma preamar e uma baixa-mar aproximadamente iguais em um período de mais ou menos 24 horas; a maré semidiurna, a mais comum, com duas preamares e duas baixa-mares aproximadamente iguais, a cada dia, e a maré mista, que se comporta alguma vezes como diurna, outras, como semidiurna.

Na costa brasileira, de modo geral, predomina o regime de maré semidiurna, enquanto a mista aparece na região Sul do país.

RIOS NO MAR

Talvez agora o leitor pense que os autores enlouqueceram, mas esses rios existem, podem ser frios ou quentes e se deslocam a velocidades variáveis (entre 5 e 30 metros por minuto). Os rios submarinos são massas de água* que se deslocam pelo mar e recebem o nome de correntes marinhas. As correntes marinhas são importantes para a navegação, têm grande influência sobre o clima e também podem pesar na economia dos países.

Como se originam as correntes? Basicamente, pela ação dos ventos dominantes, seu desvio por efeito da força de Coriolis e da distribuição dos continentes. Aqui, precisamos lembrar que o planeta Terra pode ser dividido em faixas de ventos dominantes que compreendem cerca de 30° de latitude cada uma. Assim, temos: entre o equador e os 30°, os ventos chamados alísios sopram a partir do Sudeste (no hemisfério Sul) e do Nordeste (no hemisfério Norte). Entre os 30° e os 60°, os ventos do "Oeste" sopram a partir do Nordeste (no hemisfério Sul) e do Sudeste (no hemisfério Norte). Finalmente, a partir dos polos, sopram ventos polares do Leste. No entanto, quando o vento sopra sobre a superfície do mar, em vez de empurrar a água na mesma direção, por efeito da força de Coriolis, a água será deslocada em certo ângulo (geralmente, 45°). Como exemplo detenhamo-nos no meio do oceano Atlântico, um pouco ao Sul do equador. Ali, como os ventos dominan-

---

*Uma massa de água é definida por suas características de temperatura e de salinidade, que só podem ser alteradas por misturas com massas de água adjacentes. Isso ocorre de forma muito lenta, fazendo com que as massas de água tendam a manter suas faixas de temperatura e salinidade originais.

tes são de Sudeste, na superfície do mar a corrente marinha resultante irá em direção ao Leste. E efetivamente ali temos uma corrente marinha do Leste (a Subequatorial). Quando ela se encontra com a "barriga" do Brasil, desvia-se em direção ao Sul (por efeito da presença da América do Sul) e passa a chamar-se corrente do Brasil. Essa corrente se desloca em direção ao Sul até aproximadamente a latitude de Mar del Plata. Em uma latitude média (entre os 30° e os 60° S), os ventos sopram predominantemente do Noroeste, que, devido ao desvio pela força de Coriolis, produzirão uma corrente em direção ao Oeste. No Atlântico Sul, a corrente que se chama Circumpolar Antártica viaja em direção ao Leste. Um ramo dessa corrente, quando se encontra com o Sul da África, desvia-se em direção ao Norte, formando a corrente de Benguela. Esta se desloca até a barriga da África, onde se encontra novamente com a corrente Subequatorial, com a qual começamos nossa viagem flutuante imaginária. Quer dizer que uma garrafa atirada ao mar no Rio de Janeiro poderia, flutuando, dar toda a volta ao oceano Atlântico Sul e retornar ao mesmo lugar, fazendo um percurso em sentido inverso ao dos ponteiros do relógio.* Da mesma maneira, e sabendo apenas os ventos dominantes, é possível deduzir as correntes em cada setor dos oceanos. Como circulam as correntes no Atlântico Norte? Resumindo, elas são produzi-

---

*Em 2001, alunos de uma escola em rio Gallegos, ao sul da Patagônia argentina, lançaram garrafas ao mar que continham mensagens para "lutar contra a discriminação" dos deficientes. Em 2004, uma das garrafas foi encontrada na Austrália. Uma explicação possível é que as garrafas tenham sido transportadas em direção ao Norte pela corrente das Malvinas, logo uma ramificação da corrente do Brasil as tenha transportado em direção ao Sul, e um desprendimento dessa corrente quente tenha encontrado a Circumpolar Antártica, que fez com que as garrafas cruzassem os oceanos Atlântico e Pacífico, até chegar a Adelaide.

das por fatores diversos, como o movimento de rotação da Terra, os ventos dominantes, as marés e as diferenças de temperatura entre as águas.

As correntes podem ser classificadas, segundo sua localização, em oceânicas, costeiras e locais e, segundo sua profundidade, em superficiais e profundas. Como já dissemos, também é possível classificá-las, de acordo com sua temperatura, em quentes, temperadas e frias. Por último, classificam-se, segundo sua duração, em permanentes, sazonais e acidentais. As correntes estão submetidas à aceleração de Coriolis,* que causa o mesmo efeito do que quando transportamos um balde de água e este "balança" numa direção, fazendo que a água se levante na parede oposta e, invariavelmente, molhe os nossos tornozelos. Isso acontece porque a água também se movimenta na direção do balde, mas com um pequeno atraso.

Outros efeitos da força de Coriolis são observados nas ferrovias, que se desgastam mais rapidamente de um lado que do outro; nas bacias dos rios, que são mais profundas numa margem que na outra, e no vento, que, quando se aproxima de uma área de baixas pressões, gira no sentido contrário ao das agulhas do relógio no hemisfério Norte e no sentido contrário no hemisfério Sul.

---

*Como todo mundo sabe, o planeta gira para leste, e esse giro influi nas correntes marinhas porque tende a empurrar a água contra as costas situadas a oeste dos oceanos. Essa rotação da Terra tem vários efeitos. Se olharmos a partir da nossa posição no chão, qualquer movimento no hemisfério Norte é desviado para a direita, e no hemisfério Sul, para a esquerda. Isso pode ser comprovado se olharmos atentamente o sentido do giro da água num ralo qualquer da nossa casa. Isso se deve à força de Coriolis, que não é uma doença reumática, mas a força de curvatura provocada pelo giro da Terra, e recebe esse nome em homenagem ao matemático francês Gustave Coriolis (1792-1843).

Uma experiência simples para verificar isso pode ser feita em casa: perceba que o sentido do giro do escoamento de um chuveiro e/ou piscina qualquer no hemisfério Sul é para a esquerda; pegue imediatamente um avião e faça a mesma coisa com a primeira torneira que encontrar no seu destino do hemisfério Norte.

Uma consequência desse "efeito balde" é que a água tende a se acumular nas costas situadas a oeste dos oceanos. Isso explica a localização nessas áreas das correntes mais intensas, como as do Golfo, no Atlântico, e a de Kuroshio, no Pacífico, e os afloramentos de água fria do fundo para a superfície que ocorrem nas costas Leste do Pacífico e do Atlântico.

Como se medem as correntes? Nosso oceanógrafo de plantão diria: "obviamente, com um correntômetro". Um correntômetro é uma coisa parecida com uma turbina cujas hélices movimentam a água que passa; ele registra sua velocidade e seu sentido (de onde vem ou para onde vai). Esses aparelhos são úteis para medir as correntes marinhas em diferentes profundidades. Mas, como o mar é imenso e os aparelhos, caros, devem-se fazer medições curtas, em diferentes lugares, e depois deduzir as características gerais da circulação. Atualmente, para medir correntes de superfície, usam-se boias que se movimentam com o deslocamento da água. Essas boias contam com um dispositivo que envia sinais de rádio ou para um satélite informando onde estão, e o nosso amigo oceanógrafo consegue recebê-las de forma quase constante no computador do seu escritório.

Façamos, então, uma revisão das principais correntes e de seus efeitos mais importantes.

CORRENTE DO GOLFO

O mar do Caribe é relativamente pouco profundo. Estende-se entre a costa atlântica da América Central e as ilhas das Índias Ocidentais. Os ventos alísios e a força de Coriolis empurram a água para Noroeste, passando entre Cuba e a península de Yucatán rumo ao golfo do México. Isso forma um "rio" quente (tem uma temperatura na superfície de 25°C): é a famosa corrente do Golfo. Quando passa pelo estreito que separa a Flórida das Bahamas e de Cuba, a uma profundidade de 640 metros, tem uma largura aproximada de 80 quilômetros e alcança uma velocidade média de 5 quilômetros por dia. À medida que avança para o norte, a corrente alarga-se gradualmente e alcança cerca de 480 quilômetros de largura em frente à costa de Nova York. Devido à sua origem, essa corrente, além de levar água quente, transporta muito plâncton tropical para o Nordeste, introduzindo-se no frio Atlântico.

Quando chega ao mar frio do Norte, a corrente do Golfo choca-se com outro "rio", mais frio e de direção contrária, que provém do Ártico a 8 quilômetros por dia. Essa é outra corrente famosa, a do Labrador. Esse encontro se dá também em uma plataforma pouco profunda, onde as águas podem ser iluminadas pelo Sol. Essas correntes, que se encontram e se "revolvem", trazem do fundo águas ricas em nutrientes, e criam condições para abrigar uma grande quantidade de fitoplâncton, que serve de alimento para grandes cardumes e as convertem na zona pesqueira mais rica do planeta: os grandes bancos de Terranova. Lá, o bacalhau era uma das grandes estrelas da pesca. Mas nem essas áreas riquíssimas são inesgotáveis, e a avareza do homem já as está devastando.

Esse fenômeno de alta produtividade em geral é observado quando uma corrente consegue remover nutrientes do fundo e levá-los aos níveis superiores do mar onde a luz torna possível a multiplicação do fitoplâncton. Isso também acontece em frente às costas do Chile, do Peru e do Equador, sob a influência de outra corrente famosa, a de Humboldt.

CORRENTE DE HUMBOLDT

A corrente de Humboldt,* ou corrente do Peru, corre de Sul a Norte, ao longo da costa do oceano Pacífico, de Chiloé ao equador, levando as águas frias subpolares para os trópicos, por causa principalmente do efeito dos ventos reinantes, que sopram paralelos à costa e arrastam a água quente da superfície. A temperatura dessas águas é de 5°C a 10°C mais fria do que deveria ser de acordo com a sua localização. Em seu percurso, a corrente de Humboldt transporta nutrientes do fundo do mar, que afloram nas costas do Peru, promovendo a abundância de plâncton e, portanto, de peixes (como os atuns e as anchovas), num efeito similar ao produzido pela corrente do Golfo nos bancos de Terranova.

Nesse ecossistema costeiro se dá o famoso fenômeno do El Niño. Se bem que tenha múltiplas consequências em

---

*Charles Darwin descreveu o naturalista alemão Alexander von Humboldt (1769-1859) como "o maior cientista viajante que já existiu", elogio que adquire uma dimensão especial vindo de quem vem. Humboldt percorreu a América para estudar a topografia, o declínio magnético, a geologia, a fauna e a flora do continente. No ponto alto de suas pesquisas, ele descreveu a corrente que leva seu nome. Morreu em 15 de março de 1859, aos 90 anos. Aos amantes das aventuras e da ciência de campo, recomendamos seu excelente livro *Viagem às regiões equinociais*.

nível planetário, vamos descrever brevemente como ele se produz. Na costa do Peru, os ventos alísios (que sopram do Sudeste) produzem um deslocamento das águas superficiais em direção ao Oeste, permitindo que as águas frias do fundo, carregadas de nutrientes, aflorem nas costas do Peru e do Norte do Chile. As águas tropicais se acumulam na parte ocidental do Pacífico, perto da costa Norte da Austrália. Se os ventos alísios perdem força, a ressurgência enfraquece, e a massa de água quente se move em direção ao Leste, atravessando o oceano Pacífico, e acumula-se nas costas peruana e chilena. Essa interrupção dos ventos alísios e suas consequências sobre a costa são conhecidas como "El Niño", porque sua ocorrência coincide com o Natal ou o nascimento do "menino (*niño*) Jesus". O aumento da temperatura costeira geralmente termina em abril, mas em alguns anos grandes quantidades de água quente se espalham pelas costas americanas em direção ao Norte e ao Sul. Os "Niños" são cíclicos, ou seja, ocorrem em uma frequência de 4 a 10 anos. Os movimentos dos centros de baixa e de alta pressão (que produzem os ventos e as chuvas) fazem com que haja desastres naturais devastadores, como chuvas torrenciais em áreas desérticas, tal qual a costa do Peru, além de furacões, nevadas extraordinárias e temperaturas extremamente elevadas em outros lugares do planeta. Entre dois "Niños" pode ocorrer de a temperatura do mar diante do Peru baixar mais que o normal, em um fenômeno conhecido como "La Niña" ou "El Viejo". Nesse caso, as inundações ocorrem na Índia e na Tailândia.

SEGUINDO A CORRENTE

Ao longo da costa brasileira fluem a corrente do Brasil, nas partes Leste, Sudeste e Sul, e a corrente Norte do Brasil, nas partes, Nordeste e Norte, originadas da bifurcação da corrente Sul-Equatorial quando esta encontra a costa nordestina brasileira.

A corrente do Brasil, principal corrente superficial brasileira, transporta água quente (temperatura acima dos 20°C) e com alta salinidade (maior que 36) do litoral do Rio Grande do Norte ao Rio Grande do Sul.

Ao Sul, a Corrente do Brasil encontra a corrente das Malvinas, que é originária de uma ramificação da corrente Circumpolar Antártica e transporta água fria (temperatura abaixo de 18°C) com baixa salinidade (de 34,5 a 36).

O encontro entre as correntes das Malvinas e do Brasil origina a região denominada Convergência Subtropical do Atlântico Sul, área de alta produtividade biológica.

Em alguma áreas, as correntes oceânicas podem formar "redemoinhos" e anéis que podem se desprender e manter as águas e os organismos que lhes dão identidade isolados das águas adjacentes.

As águas quentes que predominam nas regiões Norte e Nordeste criam condições favoráveis ao abrigo de várias espécies marinhas migratórias e à presença dos golfinhos rotadores.

As correntes frias são mais ricas em oxigênio e nutrientes, favorecendo a pesca, embora a riqueza da fauna marinha do litoral seja consequência muito mais da desembocadura de rios do que propriamente das correntes.

ONDAS QUE AO PASSAR...

O movimento do mar que todos conhecemos e vimos ou imaginamos alguma vez é o que produz as ondas. Tecnicamente, as ondas podem ser produzidas por qualquer fator que cause um distúrbio na água, desde uma pedra que caia em uma poça, uma embarcação que passe, até uma impressionante tormenta no meio do oceano. No mar, as ondas são ocasionadas basicamente pela ação do vento: quanto mais tempo sopre, quanto maior a sua velocidade e mais extensa a superfície sobre a qual sopre, maiores as ondas que produzirá. O tamanho das ondas é medido por sua altura e por seu comprimento. O comprimento da onda (ou de onda) é a distância entre duas cristas. A altura da onda é a distância entre a crista e o nível de águas tranquilas, ou seja, a metade de sua amplitude (distância entre a crista e o vale).

Se as ondas se movem em águas profundas, então uma partícula que esteja flutuando no mar (imaginemos um patinho amarelo) irá descrever um movimento cíclico, subindo e baixando. Esse movimento se transmite em direção às camadas um pouco mais profundas da água. Daí que quando deixamos uma bola cair em um lago, por mais que façamos ondas, a bola roda no mesmo lugar sem se deslocar em direção ao lugar desejado (em direção a nós mesmos, geralmente). Se as ondas se movem em uma profundidade que é, no máximo, a metade de seu comprimento (por exemplo, se a onda tem 10 m de comprimento e está a 4,5 m de profundidade), então ela começará a "sentir" o fundo. Como? As partículas que estão perto do fundo começam a diminuir a velocidade, a tal ponto que a parte da onda que está próxima ao fundo vai freando, e a que está na superfície segue em seu movimento. E nesse caso a onda "arrebenta". Na zona da arrebentação podemos ver normalmente dois tipos de ondas: as que geralmente têm borbulhas e espuma na frente da onda, e duram uma longa distância. Há também as ondas que são as típicas ondas para surfar — levantam-se repentinamente, formam um rolo e arrebentam de forma dramática. As primeiras se dão nas costas com encosta suave, e as de segundas, onde as encostas são mais abruptas. Portanto, esteja o leitor atento durante suas próximas férias junto ao mar.

Os *tsunamis** são ondas especiais, normalmente produzidas por movimentos sísmicos subterrâneos. Imagine o leitor uma área da crosta oceânica que afunde (ou levante) por um abalo sísmico em um ponto do oceano. Isso produzirá uma onda extremamente longa: a distância entre as cristas pode ser de 100 a 200 km (uma onda normal pode ter até umas centenas de metros de comprimento, apenas), e a altura, de apenas 1 ou 2 m (uma onda normal pode chegar a ter 30 m de altura). Como são ondas muito baixas, um barco no meio do oceano pode não perceber a passagem de um *tsunami*. Mas quando essa onda tão extensa chega a uma costa, começa a "crescer" e toda a água contida nesses 100 a 200 km arrebenta sobre a costa, provocando os efeitos catastróficos que se podem ver de tempos em tempos no noticiário.

---

*Tsunami é uma palavra japonesa que quer dizer "onda de maré", significado que não tem nenhuma relação com o fenômeno que descreve, que é o das ondas produzidas por abalos sísmicos. No entanto, os oceanógrafos mantiveram essa palavra para descrever as ondas sísmicas.

MOVIMENTOS IMPERCEPTÍVEIS

Para os que acreditavam que o mar fosse apenas uma massa de água salgada que contém peixes, baleias, golfinhos e águas-vivas,* teremos de decepcioná-los. Escondida debaixo da superfície dos oceanos está sua estrutura. Se pudéssemos remover uma porção de água do oceano como se cortássemos um bolo de festa, veríamos — como no bolo — um sistema em camadas. Essas camadas são invisíveis aos nossos olhos, mas é possível detectá-las medindo a mudança do conteúdo de sais (salinidade) e a temperatura, e calculando a densidade** da água desde a superfície até o fundo do oceano. Essa estrutura em camadas é uma resposta aos processos que ocorrem na superfície do mar: o ganho ou a perda de calor, a evaporação ou o acréscimo de água, o congelamento e a fusão do gelo marinho e o movimento da água com o vento. Tínhamos falado das águas que emergem na costa do Peru, que ascendiam das profundidades do oceano Pacífico porque a água da superfície era empurrada mar afora pelos ventos alísios. Essas águas ascendem a uma velocidade entre 10 cm e 15 m por dia. Esse movimento é relativamente lento se comparado à velocidade de algumas correntes marítimas, que pode alcançar 1,5 m por segundo (o que equivale a quase 130.000 m por dia!).

---

*Medusas do tipo *Phylum cnidaria*.
**A densidade da água do mar varia com a temperatura e a salinidade, de forma relativamente combinada. Um aumento de temperatura diminui a densidade; um incremento na salinidade aumenta a densidade, e todas as combinações possíveis.

A água também pode mover-se por diferenças quase imperceptíveis de temperatura e de salinidade. Um exemplo claro se dá quando a corrente do Golfo chega ao norte das Ilhas Britânicas e ao Sul da Islândia. Ali, vai transferindo calor (recordemos que é uma corrente quente, que se origina no Caribe) para a atmosfera. Essa perda de calor faz com que a água se esfrie, aumente sua densidade e afunde. Essa água muito fria e muito densa chegará ao fundo do oceano Atlântico e formará parte da massa de água que se chama "Água Profunda do Atlântico Norte". Se continuarmos comparando o oceano com uma torta, essa camada representará a base da nossa torta. Por diferenças de densidade essa água se move em direção ao Sul a uma velocidade extremamente baixa,* de cerca de 0,01 cm por segundo. Calcula-se que chega à Antártida cerca de 1.000 anos depois de ter afundado. Uma vez que chega à Antártida chega à superfície e entra novamente em contato com a atmosfera.**

---

*A velocidade das massas de água pode ser medida com radioisótopos, dessa vez do hidrogênio.
**O processo continua de forma mais complicada, e essa água dá origem a outras duas massas de água, que se transportam em direção aos outros dois oceanos, o Pacífico e o Índico, e, depois de afundamentos e ressurgências, voltam como água superficial ao Atlântico, e encerraram o circuito onde começaram. Esse processo é conhecido como "Corrente/Esteira Transportadora Oceânica".

CAPÍTULO 4 Pescador e violeiro...

A costa brasileira, com aproximadamente 8 mil quilômetros banhados pelo oceano Atlântico, tem rica rede de ecossistemas, com regiões que variam de tropicais a subtropicais.

O litoral brasileiro tem sido classificado de acordo com diferentes critérios. Critérios geográficos distinguem cinco regiões principais. A primeira é a região Norte, que vai do cabo Orange (no Amapá) ao delta do rio Parnaíba (no Piauí) e possui grande extensão de manguezais exuberantes, além de oferecer boas condições para peixes de fundo e camarões, graças à contribuição do rio Amazonas e dos sistemas estuários do Maranhão.

Outra região é a Nordeste, que se inicia, por sua vez, na foz do rio Parnaíba e termina na baía de Todos os Santos (Bahia). Essa região tem recifes de coral próximos à costa, além de dunas, alguns manguezais e restingas. Aí, podem ser encontradas tartarugas, sendo também o hábitat do peixe-boi, uma espécie em risco de extinção.

Em seguida, há a região Leste que se estende da baía de Todos os Santos ao cabo de São Tomé (Rio de Janeiro), onde também existem recifes de coral, como, por exemplo, os recifes da região de Abrolhos, a formação coralínea mais importante do Atlântico Sul. Além de recifes, encontramos parceis e estuários.

Após, temos a região Sudeste, que vai do cabo de São Tomé ao cabo de Santa Marta (Santa Catarina) onde, pela proximidade da serra do Mar, há uma paisagem dominada pelo encontro de montanhas e mar, com muitas baías, ilhas e lagunas.

Por fim, há o litoral Sul, do cabo de Santa Marta até o arroio Chuí, no Rio Grande do Sul, uma área rica de população de aves marinhas, em que há lagunas e pântanos cobertos de vegetação.

Como consequência da diversidade de características naturais na costa brasileira, pode-se verificar ao longo de sua extensão uma rica fauna marinha. Os peixes chamados "nobres", ou seja, os que são mais procurados pela pesca profissional pelo seu valor nutritivo e econômico, predominam na região Nordeste, enquanto ao Sul ocorrem espécies de menor valor comercial.

A VACA DÁ O LEITE; O MAR, PESCADO E CRUSTÁCEOS

De forma geral, as zonas costeiras dão origem a cadeias alimentares específicas e contêm importantes ecossistemas para a vida marinha. Essas zonas são consideradas mais produtivas do que o mar aberto, pois tendem a receber quantidades expressivas de nutrientes de origem continental. Além disso, a menor profundidade da camada de água permite a penetração da luz solar, facilitando, assim, o florescimento do fitoplâncton e das macroalgas, que, por sua vez, possibilitam a abundância dos outros organismos marinhos.

Os estuários, as marismas, os manguezais, as lagoas costeiras, os recifes de coral, as ilhas, entre outros ecossistemas, garantem a produtividade e a diversidade biológica.

O litoral brasileiro é formado geralmente por águas tropicais e subtropicais, com predominância de águas quentes, de elevada salinidade e baixas taxas de nutrientes, mas existem pontos específicos em que a natureza criou condições para uma pesca mais abundante, como é o caso das regiões onde existem aportes continentais de rios, ou onde ocorrem ressurgências. Esse fenômeno se dá quando do deslocamento de águas superficiais para longe da costa e do preenchimento do espaço que ocupavam por águas mais frias e ricas em nutrientes, que estão em maior profundidade. Essas águas atingem a região onde existe penetração de luz, aumentando a produção primária, que transforma nutrientes em matéria orgânica para ser consumida por organismos da cadeia alimentar marinha.

O fenômeno da ressurgência é importante, principalmente para os oceanos tropicais e equatoriais, que apresentam baixa produtividade biológica. Nessas regiões há carência constante de sais nutrientes na zona em que há penetração de luz, havendo concentração desses elementos somente nas camadas mais profundas. Na costa do Brasil, a ressurgência ocorre entre o sul da Bahia e Santa Catarina, sendo o leste do estado do Rio de Janeiro, mais precisamente a região de Arraial do Cabo, a mais expressiva.

Alguns mecanismos naturais, como a presença de ilhas e bancos oceânicos, estimulam a ocorrência desse fenômeno.

Não é à toa que a pesca industrial da região Nordeste ocorre, sobretudo, em locais de bancos oceânicos, em que há naturalmente uma concentração de diversas espécies de valor comercial, como o atum. Na costa Nordeste, há principalmente três regiões onde ocorrem ressurgências associadas aos bancos oceânicos, que são a cadeia Norte Brasileira, a cadeia Fernando de Noronha e o arquipélago de São Pedro e São Paulo. Apesar de importantes, nada se compara às ressurgências que ocorrem na costa peruana, responsáveis pela elevada produtividade pesqueira daquele país.

Infelizmente, o mar brasileiro é, de maneira geral, bastante pobre, apesar da grande extensão da sua costa, pois a produtividade está ligada a outros fatores que não somente esse. De qualquer forma, assim como a vaca nos dá o leite, o nosso mar nos fornece pescados e crustáceos que predominam de acordo com a região, da seguinte maneira: camarão rosa e piramutaba (região Norte), camarões, lagostas, caranguejo-uçá, pargos (*Lutjanidae*), garoupas e sirigados (*Serranidae*) (regiões Norte e Nordeste), peixes de linha (Abrolhos e Mar Novo), sardinha, bonito listrado e peixes demersais — castanha, corvina, pescada etc. — (Sudeste e Sul), atuns e afins (toda a costa).

Dados do Ibama (Instituto Brasileiro do Meio Ambiente e dos Recursos Naturais Renováveis), sobre a produção nacional do pescado para o período de 1960 a 2005, evidenciam uma tendência de crescimento até 1985, quando atingiu cerca de 971.500 toneladas, sendo 760.400 toneladas (78%) oriundas das águas marítimas. A partir de 1985, registrou-se um contínuo decréscimo, e, em 1990, a produção foi de apenas 640.300 toneladas, sendo 435.400 (68%) capturadas no mar. Os últimos anos da série apontam, no entanto para um processo de recuperação, sendo que, em 2001, a produção da pesca extrativa marinha foi de 509.946 toneladas. De 2002 a 2005 a produção total de pescado esteve acima de 1 milhão de toneladas, sendo que os recursos provenientes do mar estiveram acima de 500 mil toneladas, com exceção do ano de 2003 que apresentou uma produção total de 990.272 toneladas e 484.592 toneladas capturadas no mar.

CAMARÃO BRASILEIRO: LÍDER DE EXPORTAÇÃO

A pesca e o cultivo de camarões marinhos é uma das mais importantes atividades de exportação dos recursos vivos dos oceanos, o que justifica o avanço do desenvolvimento tecnológico e o crescente interesse dos países costeiros nessa atividade. Nos últimos anos, a produção de camarão no Brasil se transformou numa atividade altamente rentável, conquistando um espaço cada vez maior na pauta de exportações do país. Até 1997 as exportações desse crustáceo eram quase nulas, em 2005, o Brasil já era o sexto maior produtor do mundo, e a meta é se tornar o primeiro até 2010. O camarão cultivado passou de 400 toneladas e US$ 2,8 milhões exportados, em 1998, para 58,5 mil toneladas e US$ 225,9 milhões em 2003, segundo dados da Associação Brasileira de Criadores de Camarão (ABCC).

A partir de 2004, teve início a atual crise do setor, cuja produção de 76 mil toneladas interrompeu um crescimento exponencial médio de 71% ao ano, registrado entre 1997 (3.600 toneladas) e 2003 (90.180 toneladas). Em 2005, houve estabilização da produção em 65 mil toneladas. Em 2006, as exportações foram de 30,1 mil toneladas e US$ 118,8 milhões.

A crise, entre outros fatores, deve-se ao surto de virose que se estabeleceu nos viveiros de Santa Catarina e na região Nordeste, assim como à política cambial, com a elevada e contínua desvalorização do dólar norte-americano, reduzindo as exportações e as receitas do setor.

O camarão pode ser encontrado em todo o litoral brasileiro, em várias espécies: camarão rosa, camarão branco, camarão pistola e camarão sete barbas, que pertencem à família dos Peneídeos. Na costa tropical nordestina a carcinicultura, ou seja, a criação de crustáceos, é favorecida pelas altas temperaturas — o que garante uma produção ininterrupta às fazendas (três ciclos de 90 dias/ano), não sendo possível resultado como esse em regiões temperadas.

A viabilidade da carcinicultura no Brasil, comprovada ao longo dos últimos anos, fez com que empresários desse ramo investissem mais em estudos sobre o comportamento, a nutrição e as doenças em camarões, visando uma melhor e maior produção para atender às exigências do mercado internacional. A partir do domínio do ciclo reprodutivo e da produção de pós-larvas, a iniciativa privada passou a investir na construção de laboratórios que contribuíram para a autossuficiência do mercado nacional. A instalação de fábricas de ração de boa qualidade no país também tem possibilitado o aumento da produtividade, atendendo às demandas dos consumidores internacionais.

O desenvolvimento dessa atividade deve-se também à introdução da espécie exótica *Litopenaeus vannamei*, que vem sendo cultivada no país desde 1993, tendo um rápido crescimento na região Nordeste, responsável por 97% da produção nacional.

O cultivo de camarão se tornou importante economicamente para o Brasil, mas é necessário considerar o impacto ambiental que essa atividade causa, para que isso não se torne um problema no futuro.

As fazendas de criação — concentradas nos manguezais, ou em áreas de clareiras naturais desses manguezais, onde não há vegetação — precisam de grande quantidade de água que, após ser utilizada, é devolvida aos mananciais com substâncias poluentes, podendo gerar escassez para o consumo de comunidades próximas.

Além disso, os manguezais sofrem devastação para a construção de viveiros de camarão, que impedem a recuperação da vegetação nativa. Como ocorrem à beira de estuários, lagunas e baías, os manguezais representam um elo importantíssimo entre os ecossistemas marinho e terrestre, são ricos em espécies aquáticas marinhas e continentais, servindo de santuário para a reprodução de centenas de espécies de peixes e crustáceos, e atuando ainda como um filtro natural para sedimentos e poluentes. Sem esse filtro, os produtos químicos e antibióticos utilizados nos viveiros acumulam-se lentamente, trazendo muitos prejuízos ao ambiente, como, por exemplo, nos estuários do rio Potengi, em Natal, e na barra do Cunhaú, no Sul do estado, onde os viveiros de camarão já transformaram o caranguejo em espécie rara, prejudicando as populações ribeirinhas que se sustentam do que vem do mangue.

LAGOSTAS VERMELHAS E VERDES

A lagosta é o segundo produto na pauta de exportações de pescado no Brasil, atrás somente do camarão, com 2.066.919 toneladas exportadas em 2006.

As duas principais espécies de interesse econômico são a lagosta vermelha (*Panulirus argus*) e a cabo-verde (*Pa-*

nulirus leavicauda), que podem ser encontradas desde o Amapá até o Espírito Santo, sendo o Ceará o principal produtor e exportador.

O tamanho da lagosta permitido para pesca é acima de 13cm para a lagosta vermelha e acima de 11cm para a lagosta cabo-verde.

No Brasil é feita a operação Lagosta Legal, uma ação sincronizada de fiscalização da pesca da lagosta que conta com a participação da Marinha, das Polícias Federal, Rodoviária, Civil e Militar. A ideia é realizar uma ação de caráter preventivo ao impedir a captura e o desembarque ilegal de lagostas das espécies verde e vermelha. Também são alvos da fiscalização pelo Ibama outras fases da cadeia produtiva, como a comercialização e a exportação do crustáceo.

A PESCADA E SUAS MUITAS ESPÉCIES

A pescada, bastante comum na culinária brasileira, tem o nome científico de *Cynoscion spp*. Na costa do Brasil, vivem mais de 30 espécies de pescada, sendo que as mais comuns são a pescada-amarela *Cynoscion acoupa*, que pode alcançar 1 metro e 30 quilos e é muito apreciada como alimento, e a pescada-olhuda, de coloração prateada e olhos grandes, que alcança no máximo 50 centímetros.

As pescadas costumam habitar locais pedregosos com corais, onde se alimentam basicamente de pequenos crustáceos e pequenos peixes. Entre as características mais interessantes desse grupo está a capacidade de produzir sons por músculos associados à bexiga natatória. Elas têm grande importância comercial na região Sudeste.

A SARDINHA VAI SUMIR DE NOSSAS PANELAS?

A pesca da sardinha-verdadeira ao longo das costas Sudeste e Sul do Brasil tem antiga tradição, com destaque desde o século XIX, sendo marcada por grande influência portuguesa.

A sardinha-verdadeira (nome científico *Sardinella brasiliensis*), pescado marinho muito popular, é uma espécie de pequeno porte (de 9 a 27 centímetros de comprimento), de hábitos costeiros e encontrada quase exclusivamente ao longo da plataforma continental entre os estados do Rio de Janeiro e de Santa Catarina. Nessa extensa região conhecida como Plataforma Continental Sudeste Brasileiro (PCSB), observa-se a presença de águas frias e ricas em nutrientes no fundo e a ocorrência de fenômenos oceanográficos importantes, como a ressurgência, conforme citado anteriormente, que fertiliza as águas, produzindo o alimento necessário para o desenvolvimento da sardinha, considerada a espécie de maior biomassa desse ecossistema.

A pesca industrial da sardinha teve início em meados da década de 1960 e atingiu mais de 200 mil toneladas no início dos anos 1970. Desde então, houve flutuações na captura, com aumentos e quedas. O menor valor da história dessa pescaria (17 mil toneladas) foi atingido no final dos anos 1990, evidenciando um colapso da quantidade disponível desse peixe no mar. Atualmente, o monitoramento dos desembarques de sardinha em Santa Catarina revela uma expectativa de aumento (Ibama).

A sardinha-verdadeira foi considerada pelo MMA uma espécie sobreexplorada, isto é, ela foi pescada em quantidade tão elevada que reduziu o seu estoque no mar, exigindo cuidados para a sua sustentabilidade.

Medidas foram tomadas pelo Ibama no tocante ao manejo do estoque, dentre as quais o estabelecimento de períodos de defeso durante os quais é proibida a pesca e também o estabelecimento do tamanho mínimo de comprimento para captura visando garantir a reprodução e a proteção das sardinhas jovens.

Os especialistas apontam outras causas para o sumiço da sardinha do mar além da sobrepesca. Na verdade, a diminuição do estoque da sardinha é devida a um conjunto de fatores relacionados às variações oceanográficas que interferem na sua reprodução e crescimento. A captura de indivíduos pequenos foi agravada pelo uso de isca-viva nas pescarias de bonito.

A sardinha é o recurso pesqueiro mais importante e tradicional da região Sudeste-Sul não só pelo volume desembarcado, mas por envolver uma parcela significativa de trabalhadores direta ou indiretamente ligados à atividade pesqueira.

GESTÃO PESQUEIRA

A gestão ou o manejo de um recurso natural diz respeito à forma como ele é empregado para obter o maior benefício econômico com o menor impacto no ambiente e, assim, conseguir que dure um bom tempo (sustentabilidade). Basta que o proprietário do recurso indique como fazê-lo. Em uma fazenda de gado, o dono decidirá quantas cabeças mandará ao matadouro por temporada, quantas vacas darão leite e quantas manterá para reprodução. Em termos econômicos, ele utilizará a renda do seu campo (leite, carne) e tratará de manter o capital (os reprodutores). O trabalho é relativamente simples: o dono tem que saber quantos animais possui, e o resto é somar e subtrair (na realidade, o dono nunca faz esse trabalho, delegando-o ao administrador, que é pago para isso).

No mar a coisa se complica. Por enquanto o mar é de todos, e quando dizemos de todos, somos todos nós, o povo brasileiro.

O Brasil possui uma das maiores áreas costeiras do mundo, voltada para o Atlântico, compreendendo 17 estados (ao todo são 26 e o Distrito Federal) banhados pelo mar.

A zona costeira brasileira é bem da União, o que não significa que os estados e os municípios nos quais as faixas litorâneas estão inseridas não participem ou integrem seu gerenciamento, tendo o direito e o dever de administração.

No entanto, os recursos naturais marinhos ainda pertencem à fauna que habita os oceanos que, diferentemente da União, dos estados, dos municípios e até mesmo dos países, não reconhece fronteiras políticas e administrativas.

Quais são as nossas fronteiras no mar? Até onde vai a nossa propriedade? Qual a área que devemos e temos que gerenciar?

Preocupada em estabelecer quem são os proprietários de importantes recursos pesqueiros que têm apresentado reduções provocadas pelas pressões do homem sobre os ecossistemas marinhos, a comunidade internacional se esforçou para estabelecer normas para a conservação e a exploração racional das regiões costeiras, mares e oceanos. Essas normas estão na Convenção das Nações Unidas sobre o Direito do Mar.

A Convenção, ratificada por 148 países, inclusive o Brasil, estabeleceu além do Mar Territorial de 12 milhas náuticas (22 quilômetros), a Zona Econômica Exclusiva (ZEE), a até 200 milhas náuticas da costa, e a Plataforma Continental (PC) — prolongamento natural da massa terrestre de um estado costeiro —, que ultrapassa essa distância podendo atingir até 350 milhas náuticas. Em nosso país, a ZEE e a PC estendida caracterizam uma imensa área, medindo quase 4,5 milhões de quilômetros quadrados, a Amazônia Azul, que acrescenta ao país uma área equivalente a mais de 50% de sua extensão territorial.

No Brasil, apesar de sua extensa área costeira e de 80% da população viver a menos de 200 quilômetros do litoral, pouco se sabe sobre os direitos que o país tem sobre o mar que o circunda e seu significado estratégico e econômico.

A Convenção estabelece que os estados exercem soberania no mar territorial e, tanto na Zona Econômica Exclusiva quanto na Plataforma Continental, exercem jurisdição quanto à exploração e ao aproveitamento dos recursos naturais.

Ao assinar e ratificar a Convenção das Nações Unidas sobre o Direito do Mar, o Brasil assumiu uma série de direitos e deveres. Dentre tais compromissos, destacam-se aqueles relacionados à exploração, ao aproveitamento, à conservação e à gestão dos recursos vivos na ZEE, dentro da ótica de uso sustentável do mar.

Com o objetivo de cumprir esse compromisso foi estabelecido o programa "Avaliação do Potencial Sustentável de Recursos Vivos na Zona Econômica Exclusiva" (REVIZEE). Esse programa, em escala nacional, teve sua unidade garantida pelo envolvimento de vários Ministérios — Ciência e Tecnologia (MCT), Educação (MEC), Relações Exteriores (MRE), Meio Ambiente (MMA) —, além da Marinha do Brasil (MB), do Instituto Brasileiro de Meio Ambiente e Recursos Renováveis (Ibama), do Conselho Nacional de Desenvolvimento Científico e Tecnológico (CNPq) e da Secretaria Especial de Aquicultura e Pesca da Presidência da República (SEAP) e da Bahia-Pesca (Empresa de Pesca da Bahia).

O programa REVIZEE proporcionou a integração e a capacitação de pesquisadores e instituições de pesquisa do país, permitindo a geração de um considerável volume de informações sobre a biodiversidade e os potenciais pesqueiros da ZEE brasileira.

Voltando ao paralelismo com a fazenda: o dono do recurso tem que nomear um administrador, que no mar não é exatamente quem tira proveito do recurso em questão. Como já sabemos, quem extrai os recursos do mar são os pescadores, cujo tamanho (e poder) vai do simples trabalhador, que percorre a praia procurando pequenos polvos ou jogando suas redes com um bote a remo, até as empresas com embarcações industriais com um poder pesqueiro mais significativo. No caso dos recursos marinhos, o administrador tem que estabelecer regras claras para obter a máxima rentabilidade sem causar impactos às "espécies-alvo" da pesca e ao seu ambiente.

Assim o órgão governamental responsável por administrar os recursos nacionais diz: "bem, rapazes, então vamos: contemos quantos peixes, camarões, lagostas há e digamos quanto pescar". ("Como fazemos na fazenda do papai com as vacas", diria algum funcionário pouco informado sobre o tema.) Mais explicações: como contamos? Porque não se vê o que está embaixo da água, não se sabe como se movimenta, nem como se reproduz, nem de quanto em quanto tempo põe ovos, nem quantas crias chegam vivas ao tamanho "filé", é difícil desenvolver a pesquisa marinho-pesqueira, mas existem muitas ferramentas a serem utilizadas, que vão de simples redes até uma imagem de satélite (ver, mais adiante, "a artilharia científica").

O governo brasileiro tem dado especial atenção ao uso sustentável dos recursos costeiros, comprometendo-se com o planejamento integrado da utilização de tais recursos, com o objetivo de ordenar a ocupação dos espaços litorâneos. Para isso, concebeu e implantou o Plano Nacional de Gerenciamento Costeiro (PNGC), constituído por uma lei de 16/5/1988, que permitiu diversas realizações, como a efetivação do processo do zoneamento costeiro, a criação e o fortalecimento de equipes institucionais nos estados e o aumento da consciência da população sobre essas questões.

As iniciativas existentes ainda não atendem às necessidades para uma boa gestão pesqueira. A insuficiência de dados estatísticos consistentes sobre a atividade pesqueira constitui outro grave problema para o país, dificultando sobremaneira o diagnósico adequado da real condição dos estoques pesqueiros e do próprio processo de sua exploração. Apesar do aporte de informações técnico-científicas consistentes e atualizadas, geradas por alguns programas mais recentes, como o Programa REVIZEE, persiste a necessidade de obtenção e de distribuição de dados oceanográficos e biológicos que subsidiem permanentemente o setor pesqueiro nas decisões afetas à pesca e ao potencial sustentável dos estoques pesqueiros das áreas marítimas sob jurisdição nacional.

Em geral realizam-se campanhas científicas, com navios de pesquisa, para responder perguntas críticas ("que quantidade existe?" é a principal). Mas também é preciso saber quanto tempo demora para repor um indivíduo na população "pescável" e, para isso, é necessário estudar o crescimento e a reprodução. Uma vez obtida a informação, e como cada campanha de pesquisa custa uma fortuna, utilizam-se modelos matemáticos para prognosticar o que acontecerá com a população de animais que está sendo pescada. É semelhante ao que faz o serviço meteorológico: de acordo com as condições atuais, amanhã é muito provável que chova ou caiam pedras do céu.

Os biólogos confiaram demais nos seus prognósticos com base nos modelos matemáticos, e o caso do bacalhau no Canadá ganhou o prêmio. O bacalhau era superexplorado, e a quantidade de peixes que ficavam na população era cada vez menor. Os modelos matemáticos que os biólogos utilizavam prognosticavam que ia continuar diminuindo, embora nem tanto. Mas em 1995 os pescadores não encontraram mais bacalhau: todos os prognósticos matemáticos tinham errado, e 125 mil pessoas ficaram sem trabalho. O governo canadense se deu conta de que precisava investir mais no conhecimento da biologia e menos em modelos que prognosticavam Sol quando na verdade havia uma grande tempestade. Possivelmente esse é o tipo de lição que deveríamos aprender com o Primeiro Mundo: seus erros podem ser aproveitados para que experiências nefastas não se repitam.

A ARTILHARIA CIENTÍFICA

No jargão marinheiro-científico, o equipamento que uma embarcação científica tem para coletar amostras ainda é denominado "armamento". Nós, os biólogos, preferimos dizer equipamento. Dependendo do que se busque ou queira medir, pode-se lançar mão de diferentes instrumentos. Comecemos por estudar a superfície da água (e sem nos molhar).

Um instrumento de ponta é a teledetecção ou o sensoriamento remoto. Podem-se realizar medições a partir de imagens geradas pelos satélites artificiais. Os sensores recebem e quantificam a radiação eletromagnética* emitida pela superfície do oceano (ou da terra). Assim, é possível medir a temperatura superficial do mar, as concentrações de pigmentos (como, por exemplo, da clorofila), que indiretamente dão uma ideia da produção de fitoplâncton, ou de sedimentos em suspensão. Se houver alguma associação entre a distribuição de uma espécie e a temperatura, uma imagem via satélite pode ajudar bastante.

Continuemos com o satélite. Para saber sobre os movimentos de um animal em particular (de um pinguim, de um lobo-marinho, de uma baleia), podemos pôr um teletransmissor no seu lombo. O transmissor emite sinal que informa para um satélite onde está o pinguim, e recebemos sua posição exata no nosso computador (via Internet). Com as imagens via satélite, podemos determinar se os movimentos estão associados com alguma característica ambiental particular.

Agora, para ir ao fundo do mar é preciso subir num barco e dispor de "armamento". Pode-se detectar a presença de determinados cardumes de peixes ou de seu alimento

---

*A radiação eletromagnética consiste em ondas produzidas pelo movimento de uma carga elétrica. A luz visível é apenas uma pequena parte do espectro eletromagnético, que é composto por raios gama, raios X, radiação ultravioleta, luz visível, radiação infravermelha, micro-ondas e ondas de rádio.

por meio de uma ecossonda. Trata-se de um aparelho que emite sinal acústico e recebe o eco produzido. Se, em seu caminho para o fundo do mar, o sinal encontra algum "obstáculo" (como, por exemplo, um peixe ou um cardume), então o aparelho receptor receberá dois ecos, o do peixe e o do fundo. Como a maioria dos peixes tem uma bexiga natatória que contém ar (e assim regula sua profundidade de natação), quando o sinal acústico encontra peixes o eco produzido muda. Como cada espécie de peixe tem uma bexiga natatória com uma forma particular, é possível também saber de que espécie se trata (algumas ecossondas podem indicar diferentes espécies com diferentes cores). Dessa maneira, é possível saber quantos peixes há em determinada área. O som emitido pelas ecossondas pode ser interrompido também por animais com estruturas sólidas, como os crustáceos. Muitos deles, como por exemplo o *krill** antártico, são alimento de peixes de interesse comercial. Quando se formam "enxames" de muitos animais, a ecossonda pode registrar sua presença. E onde há comida... pode haver boa pesca! Os peixes que não têm bexiga natatória — como, por exemplo, a cavala ou a merluza — são detectados de maneira similar à que detecta o plâncton. O problema, então, é como diferenciá-los do plâncton; mas esses são casos especiais.

Para capturar algum dos animais estudados, há redes de todo tipo e com aberturas variadas de malha: as que

---

*Denominação genérica para um grupo de noventa espécies muito semelhantes. É um animal parecido com um pequeno camarão (pode medir até 6 centímetros) que vive na coluna de água e faz parte do zooplâncton. Normalmente, encontra-se em grandes concentrações, formando enxames que chegam a ter vários quilômetros quadrados. Alimenta-se, sobretudo, de algas do fitoplâncton.

passam "a meia água" são redes pelágicas; as que são arrastadas perto do fundo são demersais; as que passam diretamente sobre o fundo do mar são bênticas. Em todas, pode-se saber qual a superfície varrida calculando-se o retângulo determinado pelo comprimento da boca da rede e o trajeto percorrido. Assim, pode-se calcular a densidade de animais (por exemplo, a quantidade por metro quadrado). Alguns peixes (dourado, salmão, badejo), santolas e caranguejos só podem ser apanhados com armadilhas cevadas com iscas de pesca.

Se quisermos apanhar fitoplâncton, zooplâncton ou ovos ou larvas de peixes, temos de usar redes especiais, com uma malha muito fina: de 0,065 milímetro para fitoplâncton, de 0,200 milímetro para o zooplâncton e de 0,750 milímetro para o ictioplâncton. Além disso, se o que quisermos apanhar for muito móvel, temos que aumentar a velocidade do arrasto.

Se quisermos imagens de vídeo do fundo do mar, então usaremos um ROV,* como o que descobriu e captou imagens do azarado *Titanic*. Trata-se de um pequeno robô que pode filmar e recolher do fundo ou da fauna as amostras que interessam.

Já que falamos de fundo do mar, devemos enfatizar que existe uma grande quantidade de organismos que vivem enterrados nele: vermes, moluscos e outros pequenos artrópodes. Quem quiser obtê-los terá que lançar mão de uma draga, que é como um alicate que traz para bordo uma porção do fundo. Uma telha ou um tijolo colocado no fundo do mar pode servir muito bem para estudar animais que ficam grudados em fundos duros.

*Do inglês "Remoted Operated Vehicle": Veículo de Operação Remota.

SELO VERDE

Nos últimos anos, entraram na moda os ecoprodutos, em geral feitos com tecnologias amigáveis para o ambiente (por exemplo, os vinhos ou leites orgânicos, produzidos sem o uso de pesticidas e que não contêm conservantes). Pois bem: no caso da pesca, há muito caminho a percorrer. O caso mais conhecido talvez seja o da pesca do atum, cujo principal problema são os golfinhos que vêm junto: os produtos "selo verde" — ou, em inglês, *ecolabel* — são os pescados com redes feitas para serem detectadas pelo sistema de ecolocalização dos golfinhos, que, dessa forma, têm a possibilidade de escapar.

No caso do lagostim, por exemplo, a questão da pesca incidental é um problema em todas as pescarias do mundo. Há quilos de documentos científicos (uns quinhentos artigos, o equivalente a uma biblioteca doméstica) que garantem que usar uma rede de pesca que se arrasta pelo fundo é prejudicial para todos os seres vivos que acompanham a "espécie-alvo" da pesca. Portanto, o dano ambiental associado à pesca é significativo. Mas, assim como há cientistas pagos pelas fábricas de cigarro para demonstrar que fumar não causa câncer, na pesca existem os que garantem que passar uma rede pelo fundo é como passar um arado num campo: renova-o. O pior é que há funcionários que "compram" essa informação para justificar, por exemplo, a cessão de novas autorizações de pesca em áreas nunca antes exploradas.

A pesca, além de afetar o que anda debaixo da água, também tem suas consequências sobre os habitantes do espaço aéreo. Um dos "efeitos colaterais" ocorre com a pesca com espinhéis. Esses aparelhos são linhas muito compridas — de até 30 quilômetros — com um anzol e isca de pesca a cada metro. Quando são lançadas da embarcação, as linhas flutuam durante um tempo até afundar. Utilizam-se como isca peixes que, ao mesmo tempo, são muito apetitosos para albatrozes e petréis, que se engancham, afundam e morrem. Isso ocorreu com muita frequência durante a década de 1990, quando se pescava merluza negra no Atlântico Sul. Agora que a merluza negra é pescada perto da África do Sul, o problema apenas mudou de lugar. Nos últimos sessenta anos, as populações de seis das vinte espécies de albatroz que existem no mundo diminuíram até 90% por causa da mortalidade provocada pela pesca com espinhéis.

Os barcos pesqueiros, além de destruir espécies em perigo, costumam contaminar os portos de diferentes maneiras. Existem leis que prescrevem multas nesses casos.

CAPÍTULO 5 Serpentes, lulas, sereias e outras criaturas

Desde que o homem é homem (e que outra coisa teria sido?), sempre inventou superstições e lendas para justificar aquilo que não podia explicar racionalmente. Muitas dessas coisas incompreensíveis surgiam à medida que a civilização avançava em descobrimentos técnicos, que nem sempre eram acompanhados de avanços científicos. Um dos passos tecnológicos mais importantes da humanidade foi a navegação, em especial a dos mares, que potencializou o intercâmbio comercial e cultural, a pesquisa, a conquista de novas terras. Mas o domínio da técnica de navegar não veio acompanhado de um conhecimento científico que explicasse como e por que ocorriam os fenômenos que os novos navegantes presenciavam em suas travessias. Além disso, entranhar-se no mar implicava também o medo do desconhecido, e esse velho componente da condição humana foi o condimento que faltava para dar origem a um novo elenco de criaturas aterrorizantes, sempre necessárias para tapar os furos do ignorado. Assim nasceram lendas e mitos sobre seres monstruosos que esperavam os aventurosos (ou, melhor dizendo, desventurosos) navegantes além da terra firme, para submetê-los a toda a sorte de suplícios e, claro, afundar os barcos e comer toda a tripulação no café da manhã.

Há 2.800 anos, o velho Homero já contava que Ulisses, protagonista da *Odisseia*, teve que topar com uma criatura perversa, com 12 patas disformes, que ninguém, mesmo que fosse um deus, gostaria de ver. A partir dali, durante milhares de anos os viajantes relataram seus encontros com estranhos seres provenientes das profundezas: os famosos monstros marinhos.

Um dos mais temíveis e antigos desses bichos maus talvez seja o Leviatã, também chamado, no Antigo Testamento, de "serpente enroscada" ou "dragão que vive no mar". A Bíblia não apenas cita o Leviatã em diferentes passagens como também mostra uma descrição detalhada do monstro, dados que todo crente deveria ter em mente caso se disponha a fazer uma viagem de navio. Por isso, se o leitor estiver tomando um daiquiri na cobertura de um navio em cruzeiro pelo Caribe e vir surgir das profundezas uma estranha criatura, "mistura de serpente e baleia, com o corpo coberto de escamas de cor turquesa ou verde-esmeralda, dentes afiados e olhos incandescentes", será melhor beber depressa e encomendar a alma ao céu, pois seus minutos estarão contados. Ele também é descrito como algo parecido com um dragão sem asas capaz, como seu primo terrestre, de soltar fogo pela boca. Embora, deva-se dizer, essa habilidade provavelmente não tenha muita utilidade debaixo da água.

Apesar de o Leviatã ser um monstro marinho, há lendas que o situam também em água doce, observação que pode ser interpretada de diferentes maneiras: a) existe um Leviatã "de rio" e outro "de mar"; b) estamos na presença do primeiro monstro "binorma" da história; ou c) os daiquiris de bordo estão vindo muito fortes.

É óbvio que quanto mais antigos são os navegantes, piores e mais numerosos são os monstros marinhos em suas lendas. Os escandinavos foram os povos que mais cedo dominaram a arte da navegação.* Os *vikings* eram capazes de cruzar o oceano Atlântico sem a ajuda de instrumentos e guiando-se pelas estrelas quando, no resto do mundo (incluídos os demais povos europeus), os homens não se aventuravam além da costa...

MONSTROS ENLATADOS

Uma das lendas escandinavas que sobreviveram até os nossos dias é a da lula gigante, ou "Kraken". Segundo essa lenda, quando os pescadores percebem que os peixes estão fugindo, isso significa que o Kraken está por perto... Durante séculos, a existência do Kraken manteve-se no terreno das superstições de marinheiros, e os pescadores suavam frio quando a pesca era interrompida repentinamente. Até que, em 1856, o zoólogo dinamarquês Johan Japetus Steenstrup encontrou um bico de lula... de 11,5 centímetros de comprimento!**

Infelizmente para os amantes das histórias fantásticas, esse "monstro" é conhecido hoje como uma pacífica lula, cujo nome científico é *Architeuthis dux*. Seus únicos traços "monstruosos" são alcançar 20 metros de comprimento, pesar 1

---

*Por volta do ano 500, povos de origem germânica, que logo se transformaram em pescadores e exímios navegantes, começaram a habitar as ilhas da atual Dinamarca. Os *vikings* eram descendentes desses primeiros habitantes e, aproveitando sua habilidade para a navegação, logo se tornaram mercadores e piratas, e durante os séculos VIII e X d.C. dominaram os mares do norte da Europa.

**Dizem que uma consequência direta desse descobrimento foi inspirar Júlio Verne a descrever, em *Vinte mil léguas submarinas*, o ataque do monstro marinho em forma de lula ao *Nautilus* do capitão Nemo. A boca da lula está armada de um bico córneo (de forma similar ao das aves, daí o seu nome) constituído de duas poderosas mandíbulas.

tonelada e habitar os abismos marinhos, a mais de 300 metros de profundidade.* Para completar a desmitificação, e porque sabemos o que acontece com "todo inseto que caminha" (ou que nada), hoje é possível encontrar o outrora terrível monstro já não emergindo das profundezas marinhas, mas de uma lata de conserva. Em um *site* da Internet da Espanha dedicado à alimentação, a conserva de lula gigante em molho de alho é oferecida a 1,63 euro, mais impostos, a lata. Não se fazem mais monstros como antigamente!

A PEQUENA SEREIA

> *Bem no fundo do mar a água é azul como as pétalas*
> *da campainha mais formosa e clara*
> *como o profundo cristal [...].*
> *Ali, embaixo, as sereias têm sua morada.*
>
> A *pequena sereia*, Hans Christian Andersen**

Como todos sabem, os gregos não ficaram atrás na hora de navegar e de povoar seu imaginário com um exército de habitantes mitológicos das águas. Entre eles, as sereias são, certamente, as mais conhecidas, mas não as únicas. Os antigos habitantes do mar Egeu supunham a existência de mulheres-foca, fadas lavadeiras, náiades, ondinas e ninfas. Estas últimas podiam pertencer a diferentes raças,

---

*No mar argentino, por exemplo, foram encontrados exemplares ao norte de Comodoro Rivadavia, encalhados na praia, e outros três foram capturados por embarcações arrasteiras.

**Autor dinamarquês que viveu entre 1805 e 1875. É o criador de alguns dos contos de fadas mais conhecidos.

mas em particular as oceânides e nereidas, que eram as ninfas marinhas, parecem ser as antepassadas das sereias.

Segundo a mitologia grega, a primeira mulher-peixe foi uma tal de Atargatis, que, é óbvio, como boa deusa da lua, se ocupava de assuntos lunares, como a fecundidade e o amor.

Embora Afrodite (deusa do amor e protetora dos marinheiros), filha do sêmen de Zeus transformado em espuma do mar, tenha muitas coisas em comum com as sereias, os gregos não lhe atribuem parentesco com as mulheres-peixe. No caso das sereias, a paternidade não está em dúvida, pois seu pai era um tal Aquéloo, um deus com forma de homem e cauda de peixe. Quanto à mãe, a coisa não está muito clara: alguns dizem que seria a deusa da memória, ou alguma de suas filhas, as musas.* Com base nesses dados, o que podemos afirmar é que as sereias são parecidas com o papai.

Mas, voltando às ninfas marinhas, a história é a seguinte: o deus Oceano e sua irmã Tétis tiveram trezentas filhas, mais conhecidas como oceânides, que se distribuíram por todos os mares. Uma dessas oceânides, chamada Dóride, foi também uma mãe prolífica e chegou a ter cinquenta filhas, ninfas da água, as nereidas, assim chamadas em honra a seu pai, Nereu, deus pertencente à raça dos Velhos do Mar. Para complicar um pouco mais o parentesco desses seres, digamos que os Velhos do Mar também foram originados por Oceano e Tétis.

Além disso, cada uma das nereidas tinha uma característica especial. Tália era uma sereia verde (embora não se conheçam seus dotes de cantora) e Gláucia era uma sereia

---

*As quatro musas são a Eloquência, a Dança, a Tragédia e a Música.

azul. Outra nereida, Anfitrite, logo depois de um romance com Posêidon,* foi a mãe dos tritões.**

Para terminar, citemos outra vez o texto de Homero, que provavelmente deu origem à lenda mais conhecida sobre as sereias. Conta Homero, em sua *Odisseia*, que as sereias "encantam os mortais que delas se aproximam. Mas é bem louco aquele que se detiver para escutar seus cantos! Nunca voltará a ver sua mulher, nem seus filhos, pois, com suas vozes de lírio, as sereias o encantam, enquanto a ribeira próxima está cheia de esqueletos embranquecidos e restos humanos de carnes apodrecidas...".

Hic sunt sirenae. Esta frase era comum nos mapas do Renascimento sobre os mares, e significa "aqui estão as sereias" em latim. Afinal, o que há de mais propício para a invenção de monstros do que a combinação de navegação e descobrimento de "novos mundos"?

Até o próprio Cristóvão Colombo e sua tripulação garantem ter visto sereias, embora, sejamos claros, não tão belas quanto as das lendas. Muito provavelmente as criaturas que os espanhóis viram e confundiram com sereias foram manatis, mamíferos que habitam rios, lagoas e baías do Caribe conectados ao mar. Esses mamíferos pertencem à ordem dos "sirênios", assim chamados porque, à primeira vista, parecem sereias, porém com uns quilos a mais, olhos pequenos e bochechas peludas (por isso seu nome comum não é "sereia", mas "vaca-marinha"). Além disso, longe de ser do seu inte-

---

*Posêidon era o deus grego do mar, filho de Cronos e Rea e irmão de Zeus e Hades. Vivia num castelo de ouro nas profundezas do mar. Quando os deuses lutaram contra os titãs e os gigantes para repartir o mundo, Posêidon ficou com o mar, mas ele também dominava os arroios, os mananciais e as fontes.

**Os tritões eram os filhos de Posêidon, metade homem, metade peixe, com aletas e corpo coberto de escamas. Ou seja, pareciam com um "sereio".

resse provocar naufrágios, são animais muito pacíficos, que pastam as ervas do fundo, onde, paradoxalmente, seus maiores inimigos são os hélices das embarcações que navegam nos cursos de água pouco profundos onde vivem.

A FARMÁCIA DE NETUNO

Não nos surpreenderia se qualquer vilão de cinema enviasse seus assistentes ao mar para recolher centenas de águas-vivas (medusas) com o objetivo de criar algum veneno potente. Há animais marinhos que têm armas químicas — substâncias que sintetizam com fins específicos —, tanto para atacar quanto para defender-se. As medusas, os corais e as anêmonas, por exemplo, têm células especializadas — os cnidócitos — que acumulam toxinas e que são ativadas com um simples toque em suas presas (ou em nadadores desprevenidos). Mas os habitantes do mar não produzem apenas venenos. Agora mesmo, centenas de cientistas de todo o mundo procuram no mar o que pode ser a cura de várias doenças.

Como o mar ocupa 70% da superfície do planeta, é um ambiente mais extenso e menos conhecido do que o terrestre. Assim como Fleming descobriu a penicilina totalmente por acaso (porque estragou seu pão), os químicos estão vestindo os trajes de mergulho para explorar as substâncias que os organismos marinhos possam conter. E não procuram nenhuma criatura estranha às cegas, mas em parceria com ecólogos e taxonomistas.* Há animais

---

*A taxonomia é o ramo da biologia que se ocupa em classificar os organismos vivos: trata-se de diferençar e descrever as novas espécies. Poucas diferenças morfológicas, às vezes detectadas somente por especialistas, servem para separar duas espécies diferentes.

que não são apreciados por seus potenciais destrutivos, ou por serem duros (como os corais) e/ou tóxicos — porque sintetizam substâncias especiais que os tornam repugnantes. Esses tipos de organismos são as novas presas apreciadas pela indústria farmacêutica.

Os nudibrânquios — parentes dos caracóis, mas de cores muito vistosas, cujo nome quer dizer "brânquias nuas" — são especializados em roubar os mecanismos de defesa das suas presas. Alimentam-se de corais ou de esponjas e conseguem reutilizar os cnidócitos (porque evitam que se ativem) ou os espinhos calcários das esponjas em seu próprio benefício. Transportam-nos até a superfície da sua pele e os utilizam como mecanismo de defesa contra seus predadores. Esses nudibrânquios também conseguem desenvolver algumas defesas por si mesmos: por exemplo, sintetizam uma neurotoxina que alguns cientistas sugerem que pode ser utilizada como um potente analgésico, equivalente à morfina.

Outro produto interessante elaborado por organismos marinhos é a briostatina, uma substância capaz de deter o crescimento de muitos tumores do câncer humano, inclusive o melanoma, os linfomas e o câncer de rim. Essa substância é produzida por uma bactéria simbionte* que vive em um briozoário** conhecido como *Bugula nerftica*, que habita a costa próxima à península da Califórnia. Como as substâncias produzidas podem ser diferentes em diferentes espécies, distinguir um briozoário de outro é tarefa própria dos

---

*Simbiose provém do grego *symbioun*, viver juntos. É a interdependência entre dois organismos diferentes, em que cada um contribui com alguma coisa para essa associação e é benéfico para o outro.
**Os briozoários são animais pequenos que secretam uma cobertura dura e protetora em volta de si mesmos e são coloniais. Os indivíduos da colônia têm alto grau de especialização, e cumprem diferentes funções. São parecidos com o musgo, daí deriva o seu nome (os musgos são conhecidos como "briófitas").

taxonomistas. Mas nem tudo é pescar e curar o câncer: por enquanto, são necessários 14 mil quilos desse briozoário para se produzir apenas 20 gramas de briostatina. Isso quer dizer que o problema a ser enfrentado pelos químicos é o de ter um bom fornecedor, porque não será um negócio muito bom arrasar populações inteiras de um animal que tenha alguma substância interessante. Sobretudo se considerarmos que 1 grama de briostatina natural pura está cotada a cerca de 2,3 milhões de dólares! Uma solução possível (e um desafio para os cientistas) é obter a síntese artificial da briostatina e garantir que ele tenha o mesmo efeito que o natural. Outra é cultivar artificialmente, em fazendas marinhas (mediante aquicultura), os animais ou as plantas produtoras de substâncias químicas para a indústria farmacêutica.

A lista de animais ou plantas com substâncias com atividade farmacológica interessante aumenta dia a dia. O sangue de um falso caranguejo* — a caçarola das Molucas ou caranguejo-ferradura — serve para detectar endotoxinas (como as produzidas por algumas bactérias, como a *Escherichia coli*) em medicamentos, instrumentos clínicos, na água ou até nos hambúrgueres. Os salmões produzem um hormônio, a calcitonina (hormônio também produzido na glândula tireoide dos mamíferos), que é trinta vezes mais potente e tem um efeito de maior duração do que a calcitonina humana. Esse composto é utilizado clinicamente no tratamento do mal de Paget e da osteoporose pós-menopáusica, que ocasiona perda de massa óssea. A calcitonina, juntamente com uma ingestão adequada de cálcio e vitamina D, é benéfica para reduzir essa perda.

---

*Na verdade, não é um caranguejo. Esse animal é parente mais próximo das aranhas e escorpiões que dos caranguejos. Como vive nas costas arenosas do mar, foi denominado "caranguejo".

As medusas produzem uma proteína fosforescente que, injetada num músculo, brilha quando este se contrai e permite medir as pequenas mudanças no conteúdo de cálcio num indivíduo. É claro que substâncias que podem controlar a proliferação de tumores cancerígenos são muito mais atraentes. As criptoficinas extraídas de uma alga verde-azulada (parentes das que formam o limo das ruas) poderiam ser usadas para controlar a proliferação celular em câncer de próstata ou mama, e a ecteinascidina — proveniente das ascídias ou batatas-do-mar tropicais — detém o crescimento de tumores de tecidos moles (mamas ou medula óssea). Por último, o *"mal de los rastrojos"*, a febre hemorrágica argentina, poderia ser controlado com um extrato de estrelas-do-mar.

O mar é uma fonte de drogas desconhecidas e ao que tudo indica valiosíssimas. No futuro, não se pescarão somente peixes e frutos do mar, mas provavelmente serão feitos muitos esforços na busca de organismos fornecedores dessas substâncias. Não há dúvida, porém, de que, sem uma política séria de conservação dos recursos naturais, aqui — no hemisfério Sul —, por trás da salvação da humanidade, desastres ecológicos poderão continuar sendo provocados. Atenção biólogos desocupados! A essa altura do terceiro milênio, as empresas da mãe-pátria já oferecem lucros abundantes para quem fornecer "material" interessante. Não sejamos nós mesmos os responsáveis por uma nova destruição das comunidades marinhas!

A CIÊNCIA E O MAR

No século I, o romano Sêneca antevia um futuro em que a pesquisa científica teria um papel fundamental no desenvolvimento da humanidade, ao afirmar: "chegará a época em que uma pesquisa diligente e prolongada trará à luz coisas que hoje estão ocultas. A vida de uma só pessoa, ainda que fosse ela toda dedicada ao céu, seria insuficiente para pesquisar uma matéria tão vasta [...] Portanto, esse conhecimento só poderá ser desenvolvido ao longo de sucessivas épocas. Chegará um tempo em que nossos descendentes se assombrarão de que ignorássemos coisas que para eles serão tão claras [...] Muitas são as descobertas reservadas para as épocas futuras, quando a nossa lembrança tiver se apagado [...] A natureza não revela seus mistérios de uma vez para sempre". Que maravilhoso!

O povo helênico, que lá pelos anos 600 primeiramente dominou a Jônia e a Sicília, em seguida a Grécia e mais tarde a Alexandria, tinha uma cultura superior às anteriores. Esses primeiros homens de ciência se interessaram pela natureza e por seus limites, realizando especulações racionais. Por isso se diz que os gregos são os fundadores da atividade científica teórica.

Por sorte não apagamos a lembrança desses grandes pensadores (como o próprio Sêneca temia), e podemos obscrvar a história da ciência comprovando como *"a natureza não revela seus mistérios de uma vez para sempre"*.

Sem querer pecar por vaidade, os cientistas estão tratando de revelar parte dos mistérios da natureza, cada um na sua atividade e da maneira como pode. A ciência atual é medida pela quantidade e qualidade da informação que produz. Essa informação tem formato de artigo científico, que normalmente é publicado em revistas especializadas. A publicação não é um processo fácil: cada artigo é analisado e criticado por pelo menos três especialistas antes de ser publicado. Quer dizer que há cientistas que corrigem cientistas.

Na pesquisa marinha tudo é mais lento. O barco que usamos para buscar a informação alcança, com sorte, velocidade de 25 quilômetros por hora, com bom tempo e vento de popa. Qualquer operação no mar é cara. Um cientista envolvido nesses temas passa de trinta a quarenta dias no mar. Se houver necessidade de repetir alguma observação, é provável que tenha que esperar vários meses, ou até um ano (para que se repitam as condições originais). Quando se chega à área de trabalho, o mar é que decide se é possível pesquisar ou não (onda mais, onda menos). Geralmente, uma série de dados de um ano não basta para uma conclusão final sobre o assunto, o que faz com que a produção científica seja menor do que em outros temas. Isso não quer dizer que se trabalhe menos, mas que se demora mais para obter resultados confiáveis e publicáveis.

De qualquer forma, essa informação é útil tanto para ajudar a tomar decisões na gestão dos recursos naturais (pesca, áreas naturais protegidas, espécies em perigo) quanto para fazer parte dessa coisa tão abstrata que é o "conhecimento", e que se encontra nos livros didáticos.

Chegamos ao final da nossa travessia. Esperamos ter cumprido o nosso objetivo, que foi guiar o leitor nessa rápida viagem marinha, sem perder o rigor, mas com diversão.

O tema tratado é tão amplo e profundo como o próprio objeto de estudo. Talvez este pequeno texto, apenas flutuando sobre a superfície de um volume imenso de conhecimentos, desperte no leitor interessado a vocação irresistível de arriscar-se nas profundezas. Aventura para a qual, humildemente, oferecemos essa pequena balsa a fim de que possa, ao menos, começar a viagem.

Navegar é preciso.

Bibliografia comentada

DUXBURY, A.C. e DUXBURY, A.B. *An Introduction to the World's Oceans*. 5ª edição. Dubuque, Iowa: Wm. C. Brown Publishers, 1997.
Um livro pré-universitário, com ilustrações modernas e linguagem pouco técnica, que descreve os processos que ocorrem no mar. Cada capítulo tem referências a novas tecnologias que ilustram ou esclarecem os princípios oceanográficos. É ideal para os estudantes sem base em matemática, química, física, geologia ou biologia, e enfatiza o rol dos princípios científicos básicos nos processos que governam os oceanos e a atmosfera.

LALLI, C.M. e PARSONS, T.R. *Biological Oceanography: an introduction*. Londres: Oxford, 1991.
É um livro didático universitário que trata de conceitos básicos sobre o ambiente marinho e os organismos que o habitam. Insiste na produção biológica e nas cadeias tróficas, e em como estas variam geograficamente de acordo com os parâmetros ambientais marinhos.

PAIVA, M.P. *Recursos pesqueiros e estuarinos e marinhos do Brasil*. Fortaleza: Editora Universidade Federal do Ceará, 1997.
Esse livro foi preparado no âmbito do Programa REVIZEE — "Avaliação do Potencial Sustentável de Recursos Vivos da Zona Econômica Exclusiva" do Ministério do Meio Ambiente dos Recursos Hídricos e da Amazônia Legal (MMA). Nele são encontrados dados da produção de pescado marinho e estuarino mundial e brasileira. São apresentados os potenciais de produção, os recursos que vêm sendo explorados pela pesca artesanal e industrial de uma forma que ajuda

a explicar e a compreender a gama de situações que se apresentam para cada estoque nas diferentes regiões do Brasil.

PANZARINI, R.N. *Introducción a la oceanografía general*. Buenos Aires: Editorial Universitaria, 1979.
Um livro-texto que por anos foi usado para ensinar oceanografia na Argentina. Aborda a oceanografia física de maneira agradável e clara, e é um bom texto de consulta sobre a origem e as características gerais dos fenômenos físicos no mar, como as correntes, as ondas, as marés e as propriedades da água do mar.

PEREIRA, R.C. e SOARES-GOMES, A. (org.). *Biologia marinha*. Rio de Janeiro: Interciência, 2002.
Os princípios básicos e mesmo avançados de biologia marinha, considerando elementos característicos da costa brasileira, são apresentados de modo a ressaltar uma visão pluralista da biologia marinha, por meio de diversos temas de interesse particular do ambiente marinho, assim como especificidade do litoral brasileiro.
Estudantes, leigos e profissionais encontrarão nessa obra um abrangente acervo sobre a biologia marinha.

SCHMIEGELOV, J.M.M. *O planeta azul — uma introdução às ciências marinhas*. Rio de Janeiro: Interciência, 2004.
Concebido como livro-texto para alunos de vários cursos que estudem disciplinas ligadas às ciências marinhas, podendo também ser utilizado como livro de consulta para os que se interessam por oceanos e querem conhecê-los.

SERAFIM, C.F.S. (coord.) e CHAVES, P.T. (org.). *Geografia — ensino fundamental e ensino médio*: o mar no espaço geográfico brasileiro. Brasília: Ministério da Educação/Secretaria de Educação Básica, Coleção Explorando o Ensino, vol. 8, 2005.
Livro concebido para professores do ensino médio e de 5ª a 8ª séries do ensino fundamental, e que apresenta o mar brasileiro em todos os seus aspectos. Trata a questão dos limites geográficos do país, a importância do desenvolvimento de pesquisa, comércio e a integração com outros países.
A obra está dividida em nove capítulos que abordam o uso racional do mar, um estudo sobre as ilhas oceânicas, os ecossistemas costeiros,

as riquezas do mar, as unidades de conservação marinhas, os fenômenos oceanográficos e climatológicos, o futuro dos oceanos e a definição das fronteiras tendo o mar como referência.
É possível fazer o *download do* livro no site da Comissão Interministerial para os Recursos do Mar: www.secirm.mar.mil.br.

SZPILMAR, M. *Peixes da costa brasileira*: guia prático de identificação. Rio de Janeiro: Mauad, 2002.
Planejado com o objetivo principal de possibilitar a identificação dos peixes observados e capturados ao longo do litoral brasileiro.
Apresenta ilustrações coloridas e em preto e branco de peixes, além de informações que permitem identificar pelo menos 147 famílias, 195 gêneros e 260 espécies. Além disso, podem ser obtidas noções básicas de biologia marinha, oceanografia e pesca; informações gerais e curiosidades sobre cações, raias e peixes ósseos.

TOMCZAK, Matthias e GODFREY, J. Stuart. *Regional Oceanography: an Introduction 1.* Delhi: Daya Publishing House, 2003.
Um livro introdutório para oceanografia, de nível universitário. O livro, muitíssimo material didático, apontamentos de aulas, exercícios e outros livros similares, estão disponíveis no site da internet www.lei.furg.br/ocfis/mattom/index2.html Parte do material está em castelhano.

VIDIGAL, A.A.F. *et al. Amazônia azul: o mar que nos pertence*. Rio de Janeiro: Record, 2006.
Esse livro foi escrito por dez autores de diferentes especialidades, com a intenção de apresentar para o grande público um panorama dos assuntos marítimos e despertar a atenção para os problemas relacionados com o mar, visando contribuir para que os diversos segmentos de nossa sociedade compreendam a sua importância para o País.

WERLINGER, C.L. (org.). *Biología marina y oceanografía: conceptos y procesos. Universidad de Concepción*. Santiago: Consejo Nacional del Libro y la Lectura, 2005, 2 vols.
Um dos poucos livros de texto e consulta — se não o único — em castelhano sobre o tema. Foi escrito por pesquisadores chilenos com exemplos da costa pacífica, mas é aplicável universalmente.

*O texto deste livro foi composto em Sabon,
desenho tipográfico de Jan Tschichold de 1964
baseado nos estudos de Claude Garamond e
Jacques Sabon no século XVI, em corpo 11/15.
Para títulos e destaques, foi utilizada a tipografia
Frutiger, desenhada por Adrian Frutiger em 1975.*

*A impressão se deu sobre papel off-white 80g/m²
pelo Sistema Cameron da Divisão Gráfica
da Distribuidora Record.*